James Audu Gana
Thomas Hoppe

Política de eficiência energética dos principais aparelhos electrodomésticos

James Audu Gana
Thomas Hoppe

Política de eficiência energética dos principais aparelhos electrodomésticos

Nigéria, Estudo de caso

ScienciaScripts

Imprint

Any brand names and product names mentioned in this book are subject to trademark, brand or patent protection and are trademarks or registered trademarks of their respective holders. The use of brand names, product names, common names, trade names, product descriptions etc. even without a particular marking in this work is in no way to be construed to mean that such names may be regarded as unrestricted in respect of trademark and brand protection legislation and could thus be used by anyone.

Cover image: www.ingimage.com

This book is a translation from the original published under ISBN 978-3-659-70715-5.

Publisher:
Sciencia Scripts
is a trademark of
Dodo Books Indian Ocean Ltd. and OmniScriptum S.R.L publishing group

120 High Road, East Finchley, London, N2 9ED, United Kingdom
Str. Armeneasca 28/1, office 1, Chisinau MD-2012, Republic of Moldova, Europe
Printed at: see last page
ISBN: 978-620-7-95576-3

Índice:

Resumo

A adoção de aparelhos eléctricos domésticos energeticamente eficientes tem um grande potencial para reduzir o consumo de energia eléctrica na Nigéria. É necessária uma política de eficiência energética bem formulada e implementável para conduzir o processo. Para conceber uma política de eficiência energética eficaz e eficiente, foi necessário realizar uma investigação empírica para analisar as actuais políticas e práticas de eficiência energética.

Nesta tese, o estudo da política de eficiência energética dos principais aparelhos eléctricos no sector residencial foi abordado utilizando a Ferramenta de Avaliação da Governação (GAT). A principal questão de investigação é "O que se pode aprender com o sistema de governação das políticas e práticas de eficiência energética que visam os principais aparelhos eléctricos no sector residencial na Nigéria desde o ano 2008 até à data?" O objetivo era realizar um estudo exploratório para mapear o nível de implementação e os tipos de políticas e práticas de eficiência energética; e fazer recomendações para a elaboração de políticas.

O estudo incluiu quatro estudos de caso e dez entrevistas semi-estruturadas para recolher dados qualitativos. Atualmente, o sistema de governação utilizado pela Nigéria para abordar a eficiência energética dos principais aparelhos electrodomésticos estava pouco desenvolvido (autorregulação), o que pode ser consequência da falta de políticas e o resultado da avaliação do GAT mostra que a governação da eficiência energética dos principais aparelhos electrodomésticos na Nigéria não era eficaz. No entanto, a inter-relação entre o GAT e o CIT na implementação de políticas e práticas de eficiência energética mostra que: (1) quanto à probabilidade de aplicação, a Nigéria está a aprender a desenvolver uma cooperação ativa e (2) quanto ao grau de aplicação adequada, a Nigéria está a aprender a cooperação construtiva.

Foi recomendado que a ECN possa liderar a defesa de uma abordagem ascendente que reúna todas as partes interessadas, incluindo o sector privado e os próprios agregados familiares, abordando o sector privado para obter financiamento como parte da responsabilidade social da cooperação e a necessidade de investigação para conhecer os instrumentos mais adequados a aplicar, porque as questões energéticas não são apenas técnicas, mas também fenómenos sociais.

Agradecimentos

Antes de mais, quero agradecer a Deus Todo-Poderoso que me deu a vida e o espaço para realizar este programa de mestrado. Os meus agradecimentos e apreciações vão para os meus supervisores, Dr. Thomas Hoppe e Dr. Giles Stacey da Universidade de Twente, pela sua abertura de espírito, feedbacks construtivos e atempados, e orientação durante o tempo de redação desta tese.

Quero agradecer à Direção da Comissão de Energia da Nigéria por me ter dado autorização para realizar este programa de mestrado. O meu agradecimento especial vai para o Programa de Bolsas de Estudo dos Países Baixos (NUFFIC) por ter patrocinado o meu programa de mestrado e as minhas despesas de subsistência nos Países Baixos.

Este trabalho não estará completo sem a menção da minha amada esposa, dos meus familiares e amigos pelo seu apoio durante a realização dos meus estudos.

Por fim, agradeço os conhecimentos adquiridos, as experiências vividas, os meus colegas de turma, os coordenadores de curso, todos os professores do MEEM e as pessoas que conheci durante o último ano.

Capítulo 1

1: Introdução

    1.1 Informações de base

Com uma população projectada de cerca de 165 milhões de habitantes (NBS, 2012) e um crescimento do PIB de 5,09%, 6,66% e 7,41% para os anos de 2011, 2012 e 2013, respetivamente (NBS, 2014), a Nigéria é a economia mais populosa e de mais rápido crescimento em África. É amplamente aceite que existe uma forte relação entre a disponibilidade de eletricidade e o desenvolvimento socioeconómico. Isto explica por que razão a procura de eletricidade está a aumentar rapidamente na Nigéria.

Os dados do Banco Mundial de 2010 mostram que 50% das pessoas na Nigéria não têm acesso à eletricidade, o que faz com que a Nigéria tenha as taxas de produção líquida de eletricidade per capita mais baixas do mundo (EIA, 2013). A procura de eletricidade projectada para uma taxa de crescimento do PIB de 7% é de 24 380 MW até 2015 (ECN, 2012) e a capacidade de produção aumentou para 6 579 MW até ao final de 2013 (EIA, 2013), deixando um défice de 17 801 MW, o que conduz a frequentes cortes de carga, apagões e aumento do recurso a geradores privados. "De acordo com um estudo de Harvard de 2010, mais de 30% da eletricidade é produzida com combustíveis sujos, como a gasolina e o gasóleo, através de geradores privados. (EIA, 2013) As empresas compram muitas vezes geradores dispendiosos para utilização de reserva durante as falhas de energia. Além disso, a maioria dos nigerianos tende a utilizar fontes tradicionais de biomassa - como a madeira, o carvão e os resíduos - para satisfazer as necessidades energéticas domésticas, como cozinhar e aquecer" (EIA, 2013).

O Governo Federal da Nigéria estabeleceu vários objectivos para aumentar a produção de eletricidade. Tem como objetivo 20 000 MW a partir de fontes de combustíveis fósseis e 5 690 MW a partir da hidroeletricidade até 2020 (EIA, 2013). O governo tem dado tanta ênfase e atenção à produção de eletricidade, mas dá pouca (ou nenhuma) atenção ao consumo de eletricidade. Muitas das centrais eléctricas já comissionadas e atualmente utilizadas na Nigéria são centrais térmicas a gás que utilizam fontes não renováveis (fósseis) e são, portanto, fontes de emissões de gases com efeito de estufa.

A adoção de melhores práticas e de uma cultura de eficiência energética na Nigéria ajudará um maior número de pessoas a ter acesso à eletricidade e reduzirá a construção de centrais eléctricas, disponibilizando assim mais dinheiro para ser gasto noutros sectores económicos nacionais importantes. A promoção e a difusão de um programa nacional concreto e em grande escala de eficiência energética é uma iniciativa fundamental do lado da procura para ajudar a reduzir o consumo de uma série de aparelhos eléctricos domésticos de utilização final importante, nomeadamente a iluminação, os frigoríficos e os aparelhos de ar condicionado.

O Governo nigeriano, através da Comissão de Energia da Nigéria (ECN), em parceria com a Comunidade Económica dos Estados da África Ocidental (CEDEAO) e o Governo da República Federal de Cuba, efectuou um inquérito sobre o consumo de energia dos agregados familiares em 26 bairros da cidade de Abuja. Seguiu-se a substituição de um milhão de lâmpadas incandescentes por lâmpadas fluorescentes compactas (LFC) em Abuja e noutros estados da federação. Os custos do programa foram de \$1.891.856 e permitiram uma poupança mensal de eletricidade de 3.197MWh, o que se traduz em \$674.543, e tem um período de retorno de 2,8 meses. Recentemente, o Programa das Nações Unidas para o Desenvolvimento (PNUD), com o apoio do Fundo Mundial para o Ambiente (GEF) e em colaboração com a ECN, o Ministério Federal do Ambiente da Nigéria (FME) e o Centro Nacional para a Eficiência e Conservação Energética (NCEEC) iniciaram a implementação de um programa político para promover a eficiência energética na Nigéria. O objetivo geral do projeto é melhorar a eficiência energética de uma série de aparelhos de utilização final (iluminação, aparelhos de ar condicionado e frigoríficos) utilizados na Nigéria através da aplicação de uma política, de instrumentos legislativos e de um programa de gestão da procura. O projeto visa reduzir a procura de energia. Para o efeito, foi realizado um estudo de medição ou auditoria nas seis zonas geopolíticas da Nigéria.

    1.2 Declaração do problema

A ECN, o organismo governamental encarregado da formulação de políticas e do planeamento estratégico para o sector da energia na Nigéria, definiu na sua Política Nacional de Energia e no Plano Diretor Nacional de Energia (ECN, 2003 e 2007) as políticas para a eficiência e conservação de energia:

    i.   A conservação da energia deve ser promovida a todos os níveis de exploração dos recursos energéticos do país.

    ii.   A nação deve promover o desenvolvimento e a adoção de métodos eficientes de utilização de energia.

As afirmações acima não serão capazes de eliminar a utilização de aparelhos ineficientes nos lares da Nigéria, daí a necessidade de conceber e aplicar uma política energética adequada para uma utilização eficiente da energia na iluminação, nos aparelhos de frio e nos aparelhos de ar condicionado.

    1.3 Importância da investigação

Para conceber uma política de eficiência energética eficaz e eficiente para os principais aparelhos eléctricos do sector residencial na Nigéria, é necessária uma investigação empírica que analise as actuais políticas e práticas de eficiência energética

1.4 Conceitos-chave

Para efeitos do presente projeto de investigação, são elaborados os seguintes conceitos, de acordo com os resultados de várias literaturas científicas.

A eficiência energética refere-se à utilização de menos energia para fornecer o mesmo ou melhor nível de serviço ao consumidor de energia de uma forma economicamente eficiente (Goldman, et al., 2010 e Ghaderi, et al., 2014).

O agregado familiar é definido como um grupo de pessoas que normalmente vivem e tomam as suas refeições em conjunto no mesmo espaço de habitação e reconhecem um chefe de família comum que deve efetivamente viver com os restantes membros do agregado familiar (Beaman e Dillon, 2012).

A política é definida como um "curso de ação intencional e consistente produzido como resposta a um problema percebido por um círculo eleitoral, formulado por um processo político específico e adotado, implementado e aplicado por uma agência pública" (Hayes, 2014) ou um "instrumento teórico ou técnico formulado para resolver problemas específicos que afectam direta ou indiretamente as sociedades em diferentes períodos de tempo e espaços geográficos" (Estrada 2011).

Governação: "A governação é a combinação da multiplicidade relevante de responsabilidades e recursos, estratégias instrumentais, objectivos, actores-rede e escalas que formam um contexto que, em certa medida, restringe e, em certa medida, permite acções e interações" (Bressers et al., 2013). Enquanto o sistema de governação é o processo através do qual uma organização ou uma sociedade se orienta a si própria. Em causa estão as necessidades funcionais que têm de ser satisfeitas em qualquer sistema social, tais como a necessidade de lidar com desafios externos, de prevenir conflitos internos, de obter recursos para assegurar a preservação e o bem-estar dos sistemas, e de enquadrar objectivos e políticas concebidos para os alcançar (Bazilian, et al., 2014).

Os grandes electrodomésticos são os maiores consumidores de eletricidade nos lares. São os sistemas de aquecimento, os aparelhos de frio, a iluminação, os sistemas de aquecimento de água, os aparelhos de ar condicionado, as máquinas de lavar e secar roupa, etc. (Young 2008, Bertoldi e Atanasiu, 2009 e Mills e Schleich, 2010).

1.5 Quadro de investigação empírica

"O quadro de investigação é uma representação esquemática e altamente visualizada das etapas que devem ser seguidas para atingir o objetivo de investigação" (Verschuren e Doorewaard, 2010: 19)

Passo 1: Caracterizar brevemente o objetivo do projeto de investigação - O objetivo desta investigação é realizar uma pesquisa para mapear o nível de implementação e os tipos de políticas e práticas de eficiência energética para os principais aparelhos eléctricos no sector residencial na Nigéria e fazer recomendações para a elaboração de políticas.

Etapa 2: Determinar os objectos do projeto de investigação - Os quatro objectos de investigação desta investigação são a implementação da política de eficiência energética pela ECN, NCEEC, NCERD e NERC.

Etapa 3: Estabelecer a natureza da perspetiva da investigação - Esta investigação trata de uma avaliação da investigação orientada para a prática, pelo que a perspetiva da investigação consiste num critério de avaliação no domínio da administração pública. A avaliação da governação baseia-se na identificação do regime e na avaliação do regime com critérios.

Etapa 4: Determinar as fontes da perspetiva de investigação - A Governance Assessment Tool (GAT) (Bresser's et al., 2013) foi adoptada com base no estudo da literatura científica.

Conceitos-chave	Teoria
Dimensão da governação	Teoria do GAT
Qualidade da governação	Teoria do GAT

Foram estudadas as literaturas relevantes que revelam o seguinte:
Para identificar um regime, são utilizadas cinco dimensões:
(i) Níveis e escalas
(ii) Os actores e as suas redes
(iii) Percepções do problema e ambição do objetivo
(iv) Estratégias e instrumentos
(v) Recursos e organização da implementação

Para avaliar o regime, os critérios utilizados são
(i)   Extensão
(ii)   Coerência
(iii)   Flexibilidade
(iv)   Intensidade
Etapa 5: Fazer uma apresentação esquemática do quadro de investigação utilizando o princípio da confrontação - O quadro esquemático desta investigação é apresentado a seguir:

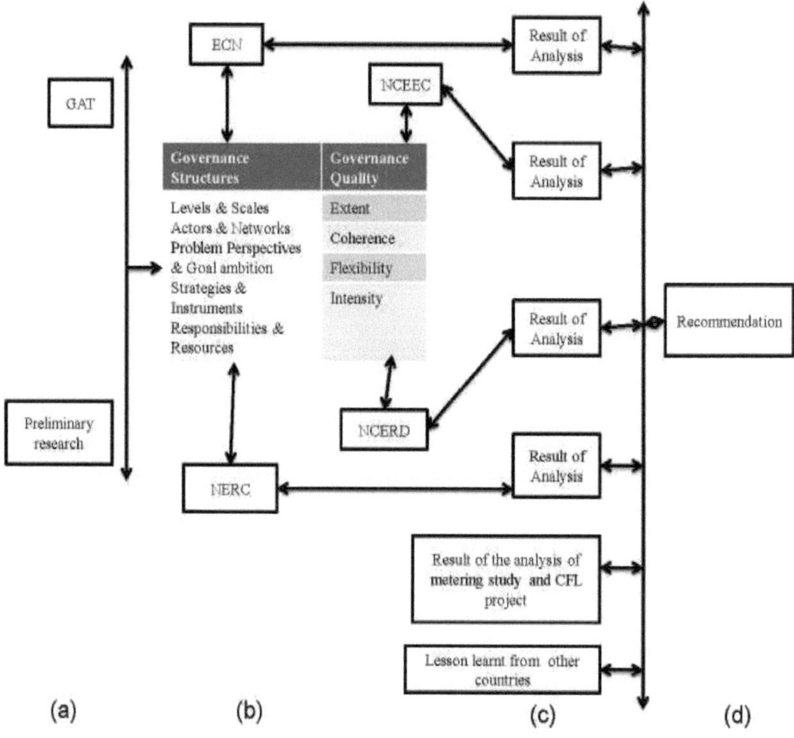

Figura 1.1: Apresentação esquemática do quadro de investigação
     1.6 Objetivo da investigação
O objetivo geral deste estudo é realizar uma investigação para mapear o nível de implementação e os tipos de políticas e práticas de eficiência energética para os principais aparelhos eléctricos do sector residencial na Nigéria e fazer recomendações para o planeamento de políticas.
Os objectivos da investigação são:
i.   Avaliar a governação da eficiência energética dos principais aparelhos eléctricos no sector residencial na Nigéria.
ii.   Documentar as políticas, práticas e projectos locais realizados e em curso relativamente à eficiência energética dos principais aparelhos eléctricos no sector residencial na Nigéria.
iii.   Identificar as partes interessadas relevantes, as suas motivações, informações, recursos e as suas inter-relações.
iv.   Identificar as possíveis lições que a Nigéria pode aprender com artigos publicados em jornais académicos de outros países do mundo.
v.   Fazer recomendações para o planeamento de políticas.
     1.7 Questão de investigação
Questão principal de investigação: O que se pode aprender com o sistema de governação das políticas e práticas

de eficiência energética que visam os principais aparelhos eléctricos no sector residencial na Nigéria desde o ano de 2008 até à data?

Questões de sub-investigação:

1. Qual é o sistema de governação da eficiência energética dos principais aparelhos eléctricos nos agregados familiares da Nigéria?
2. Que políticas, práticas e projectos locais estão atualmente em vigor na Nigéria relativamente à eficiência energética dos principais aparelhos eléctricos nos lares nigerianos?
3. Quem são os principais intervenientes, as suas motivações, informações, recursos e inter-relações no que respeita à eficiência energética dos principais aparelhos eléctricos domésticos na Nigéria?
4. Que lições pode a Nigéria aprender na formulação de políticas e na implementação da eficiência energética dos principais aparelhos eléctricos domésticos a partir das estratégias de outros países em artigos publicados em revistas académicas?
5. Que políticas alternativas podem ser formuladas e implementadas para a eficiência energética dos principais aparelhos eléctricos no ambiente construído na Nigéria?

Capítulo 2

2.1 Introdução

O consumo doméstico de energia é responsável pela maior parte do consumo total de energia em todo o mundo, com exceção da China (Wood e Nowborough, 2002, Ghisi et al., 2007, Vassileva et al., 2012 e Yue et al., 2013), não sendo a Nigéria uma exceção, pois de acordo com a AIE 2009, o consumo de eletricidade por sector na Nigéria é Residencial - 56%, Comercial e Serviços Públicos - 26%, e Indústria 18%. Estes consumos devem-se principalmente a aparelhos eléctricos ineficientes e ao comportamento dos utilizadores. O PNUA 2012 afirmou que a Nigéria tem um número instalado de 240 milhões de lâmpadas incandescentes no sector residencial. A procura residencial de energia é determinada por duas questões principais - isto é, o número de membros do agregado familiar e as suas caraterísticas, particularmente o grau de utilização de aparelhos eléctricos e a sua eficiência (O'Doherty et al., 2008 e Shimoda et al., 2010). O consumo doméstico de eletricidade pode ser grandemente reduzido pela adoção de aparelhos eléctricos eficientes, o que já foi demonstrado em muitos países. Uma primeira demonstração foi feita entre 1995 e 1997 em França. O resultado deste projeto mostrou que se poderia poupar até 40% com a utilização de aparelhos eficientes pelas famílias (Enertech, 2013).

A eficiência energética pode ser definida em termos gerais como a utilização de menos energia para fornecer o mesmo serviço sem reduzir o conforto ou a redução da quantidade de energia necessária para fornecer produtos e serviços. Envolve a gestão e a contenção do crescimento do consumo de energia, a prestação de mais serviços com o mesmo consumo de energia ou o mesmo serviço com menos consumo de energia. A eficiência energética é uma ferramenta poderosa e uma forma rentável de desenvolvimento energético sustentável.

Os ganhos da adoção de tecnologias de eficiência energética e de melhores práticas são enormes, entre os quais a redução do investimento em infra-estruturas energéticas, a redução da pobreza energética, a redução das facturas de energia, a redução das emissões de gases com efeito de estufa e da poluição atmosférica local, a melhoria da saúde e o aumento da segurança energética. As iniciativas UNEP-GEF enlighten estimaram que 14 TWh de energia e 10,5 milhões de toneladas de emissões de dióxido de carbono poderiam ser evitadas anualmente na África Subsariana através da transição para uma iluminação eficiente (UNEP, 2012).

2.2 Adoção de aparelhos eléctricos energeticamente eficientes pelos agregados familiares

O estudo da adoção de tecnologias energeticamente eficientes e de práticas de conservação é muito escasso na África Subsaariana e está bastante concentrado nos países ocidentais. Abrahamse et al. (2005) avalia a eficácia das intervenções destinadas a encorajar os agregados familiares a reduzir o consumo de energia. Barr et al. (2005) examina a divisão entre os comportamentos de poupança de energia e os comportamentos relacionados com a compra para conservar energia. Sardianou (2007) estudou os principais factores determinantes dos padrões de conservação de energia dos agregados familiares na Grécia. Nair et al. (2010) inquiriram 3.000 proprietários de casas para analisar os factores que influenciam a adoção de medidas de investimento para melhorar a eficiência energética dos seus edifícios. Hoppe (2012) explora os factores que influenciam a adoção de sistemas energéticos inovadores nos Países Baixos e Brounen et al. (2013) examina a sensibilização, a literacia e o comportamento dos agregados familiares no que diz respeito às despesas energéticas residenciais. Os resultados de três países ocidentais mostram que 26 a 36% do consumo doméstico de energia se deve ao comportamento dos residentes (Wood e Newborough, 2002). Os principais electrodomésticos representaram 30% do consumo total de energia doméstica no Reino Unido (Gaspar e Antunes, 2011). Além disso, a utilização de energia doméstica na China representou cerca de 10% do consumo total de energia em 2010 (Yue et al., 2013). Os componentes da utilização de energia acima referidos podem ser reduzidos através da adoção de aparelhos eficientes, da ventilação, da minimização das cargas de aquecimento e do comportamento dos consumidores na utilização de aparelhos eléctricos (Gaspar e Antunes, 2011 e Yohanis, 2012). O Plano de Ação da UE para a Eficiência Energética estimou que, até 2020, é possível obter uma poupança de energia de 27% em relação aos níveis de 1990 através da adoção de tecnologias residenciais eficientes em termos de custos e de práticas de conservação (Mills e Schleich, 2012). O Fraunhofer (2009), referido por Mills e Schleich, 2012, também estimou em 19% a poupança final de energia até 2020 no sector residencial, se forem aplicadas políticas adicionais para ultrapassar os obstáculos à adoção de tecnologias eficientes.

Existem três formas gerais de reduzir o consumo de energia no sector residencial: a conceção de edifícios de baixo consumo energético, a utilização de aparelhos eficientes e um comportamento consciente dos utilizadores de energia (Wood e Newborough, 2002). A eficiência energética dos electrodomésticos tem sido melhorada nas últimas duas décadas através da rotulagem energética, da aquisição de aparelhos energeticamente eficientes, de acordos voluntários, da gestão da procura e da aplicação de normas mínimas de eficiência energética (Bansal et al., 2011). A UE iniciou várias medidas para a adoção de aparelhos energeticamente eficientes pelos agregados familiares, como a rotulagem energética dos aparelhos eléctricos, o aumento da eficiência na utilização final de energia e a tributação (Borg e Kelly, 2011). Para reduzir a intensidade energética no sector residencial, a China recorreu a normas mínimas de eficiência energética, à rotulagem da eficiência energética, a subsídios para aparelhos energeticamente eficientes, à aquisição de aparelhos antigos e à sensibilização dos seus cidadãos (Ma et al., 2013). A Espanha utilizou instrumentos regulamentares, económicos e de informação para promover a eficiência energética nos agregados familiares. A regulamentação visa alterar comportamentos específicos, enquanto os instrumentos económicos sob a forma de incentivos financeiros foram utilizados para reduzir os custos, a fim de incentivar os investimentos em eficiência energética, enquanto a informação visa alterar as prioridades através da sensibilização (Yeatwood et al., 2013).

A implementação da gestão da procura e a aplicação de normas mínimas de eficiência energética reduziram significativamente a procura de energia nos sectores residencial e comercial, reduzindo assim o número de novas centrais eléctricas. Para que os efeitos da aplicação das normas de eficiência energética se façam sentir no consumo global de energia, é necessário um longo período de tempo, uma vez que a norma só entra em vigor quando os aparelhos são substituídos (Shimoda et al., 2010).

Para promover eficazmente comportamentos conscientes em matéria de energia, a população em geral precisa de compreender melhor a interface entre as pessoas e o equipamento que utilizam. Os rótulos e as normas estão a contribuir para isso e a aumentar o interesse pelos aparelhos energeticamente eficientes no ponto de venda, mas, uma vez adquirido um novo aparelho, o consumo de energia da atividade associada já está, em grande medida, predestinado até à aquisição de um novo substituto. O consumo de energia dos aparelhos de utilização final já existentes no sector residencial pode ser reduzido através da mudança de comportamento, da informação prévia e da informação de retorno (Wood e Newborough, 2002 e Abrahamse et al., 2005). Três situações que afectam a capacidade dos consumidores para continuarem a utilizar técnicas comprovadas de poupança de energia são as questões económicas e sociais e a falta de oportunidade para o fazer (Wood e Newborough, 2002). Yue et al. (2013) classificaram o comportamento de poupança de energia em acções habituais (mudanças nos hábitos de utilização) e actividades de compra (aquisição de tecnologias e aparelhos energeticamente eficientes). Os estudos sobre os comportamentos das famílias em matéria de poupança de energia identificaram uma série de factores que parecem influenciar os comportamentos de utilização de energia em casa. São eles a idade e o tamanho da habitação, a propriedade da casa, o estilo de vida e o clima (Yohanis, 2012 e Ma et al., 2013). *"Os resultados da política integrada de conservação de energia doméstica de Singapura revelam que a facilidade de praticar as acções de conservação de energia recomendadas é um forte motivador para mudar o comportamento de consumo de energia"* (He e Kua, 2013).

A política de eficiência energética pode ser utilizada para incentivar a adoção de melhores medidas de gestão doméstica, como desligar as luzes e todos os aparelhos eléctricos quando não estão a ser utilizados, e a adoção de tecnologias energeticamente eficientes. Para que a política seja eficaz, deve ser concebida de modo a ter em conta a forma como a adoção de tecnologias, as práticas de poupança de energia, os conhecimentos sobre a utilização de energia e o comportamento em relação à conservação de energia estão relacionados com as caraterísticas do agregado familiar (Mills e Schleich, 2012). Além disso, as atitudes e diferenças específicas de cada país na adoção de tecnologias de poupança de energia e nas práticas de conservação devem ser identificadas para uma boa combinação de políticas comuns e específicas de cada país. Espera-se que o nível de conhecimento dos agregados familiares sobre o consumo de energia, as oportunidades de conservação e a eficiência energética dos aparelhos eléctricos afecte a adoção de aparelhos energeticamente eficientes. *"Além disso, a disponibilidade e a qualidade da informação sobre os níveis e padrões do consumo atual de energia dependem do nível de medição, do conteúdo informativo das facturas dos serviços públicos e da vontade e capacidade dos agregados familiares para analisar essa informação. Da mesma forma, as famílias precisam de estar conscientes e capazes de avaliar as oportunidades de eficiência energética"* (Yohanis, 2012).

A compra de aparelhos eléctricos de elevada eficiência energética pelos consumidores é muito importante para a formulação de políticas, uma vez que os principais aparelhos domésticos, como os frigoríficos e os aparelhos de ar condicionado, são comprados com pouca frequência e a sua substituição demora muitos anos. Num estudo realizado em agregados familiares canadianos, descobriu-se que 40% dos frigoríficos eram substituídos ao fim de 20 anos e outros 20% ao fim de 25 anos (Gaspar e Antunes, 2011). Em 1998, o Governo do Japão utilizou as normas de topo de gama para promover a adoção de aparelhos energeticamente eficientes. Em 2004, 18 artigos estavam abrangidos pela norma, entre os quais os aparelhos de ar condicionado, as lâmpadas fluorescentes e os aquecedores de ambiente (Ashina e Nakata, 2008). O elevado custo associado aos aparelhos energeticamente eficientes impede a sua utilização generalizada, pelo que a estratégia de eficiência energética do governo da província recorreu a incentivos financeiros, pagando aos consumidores a diferença entre o preço dos aparelhos energeticamente eficientes e os convencionais (Ashina e Nakata, 2008). Nos países em desenvolvimento, a utilização de energia nos edifícios residenciais está a aumentar rapidamente e, devido ao baixo preço da energia, o investimento em tecnologias eficientes não é encorajador. No entanto, os regulamentos podem ser utilizados para abordar a utilização de energia de todo o edifício ou de sistemas de construção, como os aparelhos de ar condicionado (Iwaro e Mwasha, 2010).

A China utilizou instrumentos económicos, administrativos, regulamentares, informativos e educativos para promover a adoção de aparelhos energeticamente eficientes. Em 2005, foi introduzida a rotulagem obrigatória da eficiência energética dos electrodomésticos e normas mínimas de desempenho energético. *"Em 2009, foi introduzido um subsídio para a compra dos aparelhos de ar condicionado mais eficientes. O sucesso deste programa levou ao aumento da quota de mercado dos aparelhos de ar condicionado energeticamente eficientes de 5% para 80% em apenas dois anos"* (Ma et al., 2013). De junho de 2010 até ao final de 2011, o governo chinês concedeu um desconto de 10% nos novos electrodomésticos para a aquisição de electrodomésticos antigos. Os aparelhos abrangidos são a televisão, os computadores, as máquinas de lavar roupa, os aparelhos de ar condicionado e os frigoríficos. Seguiu-se um novo regime de subsídios para aparelhos de ar condicionado, frigoríficos, máquinas de lavar roupa e aquecedores de água em maio de 2012. Ma et al. (2013) também afirmam que, embora estes instrumentos políticos constituam uma base vital para incentivar um maior grau de poupança de energia por parte dos cidadãos, a informação e a educação são extremamente necessárias.

Os países estão sob pressão para melhorar a eficiência energética na utilização de energia em todos os sectores, incluindo o sector residencial, que é largamente afetado pelo nível de eficiência energética dos aparelhos. A poupança de energia no ambiente construído não é uma responsabilidade exclusiva das habitações, mas deve envolver todas as partes interessadas, como os consumidores, os serviços, as empresas de serviços públicos e o governo (Gaspar e Antunes, 2011). A promoção e a adoção de aparelhos eficientes podem ser conseguidas através da colaboração entre *"os produtores de aparelhos, disponibilizando um grande número de aparelhos de elevada eficiência energética, os vendedores e distribuidores (dando aos consumidores os melhores aparelhos em termos de eficiência energética) e os consumidores, que têm a responsabilidade de comprar os aparelhos mais eficientes em termos energéticos"* (Gaspar e Antunes, 2011).

Yamamoto et al. (2008) afirmaram que o preço não funciona como um sinal na tomada de decisões sobre a utilização de aparelhos eléctricos, mas que a tomada de decisões depende das caraterísticas de um determinado aparelho elétrico. No entanto, num inquérito realizado por Gaspar e Antunes (2011), os resultados mostram que as pessoas estão dispostas a pagar mais por aparelhos eficientes, mas só poucas o fazem na prática; a ênfase é colocada mais no custo, na qualidade e na marca. Também os resultados da maioria dos estudos concordam que a adoção de medidas de eficiência energética e de práticas comportamentais está principalmente associada ao custo (para investimentos e utilização de energia), hábitos e rotinas, que diferem entre medidas, agregados familiares e regiões (Mills e Schleich, 2012). Outros mostram que, para os consumidores residenciais, as poupanças energéticas e monetárias, as mudanças percebidas no conforto e na conveniência, os termóstatos para controlo automático são as caraterísticas importantes consideradas para a escolha dos aparelhos. O interesse dos consumidores pelo potencial de poupança dos aparelhos eficientes levou à proliferação do controlo inteligente dos aparelhos domésticos. Algumas delas são o sensor de descongelação adaptativo, o controlo automático de aquecedores anti-condensação, o sensor de alarme de porta aberta, o sensor para controlar as temperaturas em diferentes regimes de funcionamento para poupar energia e a interoperabilidade da rede inteligente (Bansal et al., 2011).

Com base na literatura empírica, os factores que influenciam a eficiência energética e as práticas de conservação das famílias são a idade e a dimensão das habitações, a propriedade da casa, o estilo de vida, o comportamento, o custo, a disponibilidade e a qualidade da informação e os factores climáticos. Além disso, as medidas políticas utilizadas vão desde instrumentos administrativos, regulamentares e económicos a instrumentos de informação.

2.3 Informação / Sensibilização

A informação ou a sensibilização sobre medidas de economia de energia é uma das estratégias comuns utilizadas para promover a adoção de aparelhos eléctricos energeticamente eficientes e comportamentos de conservação de energia. São utilizados vários canais para transmitir informação ou sensibilizar os agregados familiares, entre os quais se incluem workshops, campanhas nos meios de comunicação social e informação personalizada (Abrahamse et al., 2005). As famílias podem ser contactadas através dos meios de comunicação social, marketing de massas, referências pessoais de amigos e vizinhos ou referências mais formais de pessoas do mesmo escritório ou organização (McMichael e Shipworth, 2013). Delmas et al. (2013) afirmaram que as estratégias de informação incluem dicas de poupança, auditorias energéticas, diferentes formas de feedbacks sobre a utilização de energia e estratégias pecuniárias. Vários estudos para determinar os efeitos de diferentes estratégias de informação mostram que a informação personalizada é mais eficaz do que outras estratégias (Abrahamse et al., 2005 e Delmas et al., 2013). Um estudo sobre a energia doméstica utilizada para aquecimento e ar condicionado mostra que aqueles que receberam informação personalizada (auditoria energética) utilizaram menos 21% de eletricidade (Abrahamse et al., 2005).

A falta de informação e de sensibilização para o potencial de adoção de inovações energeticamente eficientes nos países do terceiro mundo é um dos principais obstáculos à eficiência energética no ambiente construído (Iwaro e Mwasha, 2010). Um inquérito para estudar a literacia energética, a sensibilização e os comportamentos de conservação de 1.721 agregados familiares holandeses mostra que 44% dos inquiridos não faziam ideia do seu custo mensal de energia e 40% não tinham conhecimentos sobre o consumo de energia residencial (Brounen et al., 2013). "A criação de consciência através dos meios de comunicação social, feedback sobre a utilização de energia, programas educativos, centros de informação sobre energia e redes de recolha de dados pode ultrapassar esta barreira com sucesso" (Iwaro e Mwasha, 2010).

O meio utilizado para transmitir a informação aos agregados familiares é vital para os ajudar a tomar uma decisão sobre a adoção ou não de tecnologias e práticas energeticamente eficientes (McMichael e Shipworth, 2013). Wilhite e Ling (1995) estudaram a relação entre a informação sobre a faturação e o consumo de energia dos agregados familiares na Noruega e o resultado mostra que o fornecimento de facturas mais frequentes e informativas levou a uma redução de 10% na utilização de energia. Um estudo sobre o valor das redes partilhadas na difusão de tecnologias de eficiência energética em agregados familiares no Reino Unido mostra que a informação se espalha facilmente através de redes interpessoais e parece ser influente no processo de decisão de inovação (McMichael e Shipworth, 2013). Delmas et al. (2013) testaram quatro hipóteses no estudo das estratégias de informação e dos comportamentos de conservação de energia e os resultados revelam que as estratégias baseadas em informações não monetárias podem ser eficazes na redução do consumo global de energia. A informação específica sobre os aparelhos pode criar uma procura de sistemas de controlo, aparelhos inteligentes e programas de resposta à procura quando os consumidores compreenderem os seus benefícios para a poupança de energia. Os benefícios da informação específica sobre energia para os consumidores na utilização residencial de energia são classificados em duas categorias: recomendações personalizadas automatizadas e recomendações personalizadas para reduzir as barreiras às acções de eficiência energética e técnicas comportamentais melhoradas, tais como recomendações mapeadas sobre onde comprar os artigos recomendados (Armel et al., 2013). Estudos realizados entre 1995 e 2010 mostram que diferentes estratégias de feedback informativo resultam em diferentes percentagens de poupança de energia residencial. São elas a faturação melhorada 3,8%, o feedback estimado 6,8%, o feedback diário ou semanal 8,4%, o feedback em tempo real mais resultados em 12,0% e o feedback de aparelhos superior a 12,0%.

2.4 Comportamentos energéticos e eficiência energética

"Os comportamentos energéticos são definidos como comportamentos que levam ao consumo de energia na utilização final" (Lopes et al., 2012). São também os comportamentos através dos quais os indivíduos tentam reduzir o consumo global de energia. Esses comportamentos incluem comportamentos de redução, comportamentos de manutenção e comportamentos de eficiência (Sweeney et al., 2013). Um efeito combinado de comportamentos energéticos e mudança de tecnologias leva à eficiência energética (Lopes et al., 2012). Oikonomou et al. (2009) definiram a eficiência energética como a aplicação de uma tecnologia específica que reduz o consumo global de energia sem alterar os comportamentos relevantes e alcançando o máximo de serviços obtidos, enquanto a conservação de energia é apenas uma alteração no comportamento do consumidor que leva à poupança de energia. Barr et al. (2005) caracterizaram os comportamentos de poupança de energia em acções de rotina e acções de compra. Estes comportamentos de poupança de energia são os comportamentos de redução, como o adiamento de aparelhos eléctricos quando não estão a ser utilizados, e os comportamentos de eficiência, como a compra de aparelhos energeticamente eficientes (Lillemo, 2014). Os comportamentos de redução são comportamentos que poupam energia através da redução da utilização, os comportamentos de eficiência poupam energia através da compra de aparelhos mais eficientes e os comportamentos de manutenção poupam energia através de uma melhor manutenção dos aparelhos para melhorar o desempenho (Sweeney et al., 2013). Por conseguinte, o consumo de energia pode resultar da adoção e utilização de tecnologias eficientes, da interface dos utilizadores com essas tecnologias ou das várias inter-relações entre elas (Stephenson et al., 2010). A adoção ou compra de aparelhos eficientes é designada por comportamentos de investimento, enquanto a interface do utilizador com esses aparelhos é designada por comportamentos habituais. Os comportamentos habituais são comportamentos fixos e rotineiros através dos quais os indivíduos tomam acções inconscientemente sem ponderar as vantagens e desvantagens das suas acções (Fischer, 2008 e Gynther et al., 2011).

O Quadro de Culturas Energéticas sugere uma análise da relação entre normas cognitivas, cultura material e práticas energéticas para compreender os comportamentos de consumo de energia dos consumidores. Este

Quadro de Culturas Energéticas tem a capacidade de fornecer uma compreensão pormenorizada do consumo de energia e das principais barreiras às mudanças comportamentais (Stephenson et al., 2010). Vários estudos empíricos relacionaram o comportamento de poupança de energia das famílias com parâmetros socioeconómicos, tais como variáveis económicas, variáveis demográficas da unidade familiar, caraterísticas das habitações, inflação dos preços da energia e variáveis de atitude (Sardianou, 2007). Os conceitos de conservação de energia elaborados em muitos estudos referem-se à redução da utilização de energia associada ao estilo de vida ou a mudanças espontâneas nas preferências do consumidor que conduzem a alterações comportamentais. O comportamento do consumidor e as escolhas de estilo de vida estão fortemente relacionados com o conceito de utilização racional de energia, a poupança de energia na utilização final e a eficiência energética na utilização final (Oikonomou et al., 2009). Sweeney et al. (2013) explora a forma como os factores sociais e culturais, como o conhecimento, as normas e as tecnologias e os factores situacionais, interagem com as motivações, as barreiras e o apoio para influenciar os comportamentos de poupança de energia e o resultado da investigação empírica mostra que as atitudes e os valores nem sempre são suficientes para gerar comportamentos de poupança de energia e que a poupança depende das situações do consumidor e da posse de aparelhos energeticamente eficientes. Os factores demográficos do agregado familiar, como o rendimento, a educação e o facto de viver sozinho, também influenciam os comportamentos de poupança de energia (Lillemo, 2014).

As intervenções destinadas a incentivar comportamentos de poupança de energia devem prestar atenção aos factores comportamentais para melhorar a eficácia das políticas (Abrahamse et al., 2005 e Lillemo, 2014). A política de eficiência energética, a gestão da procura e os programas de mudança comportamental são estratégias comummente utilizadas para promover comportamentos conscientes em matéria de eficiência energética pelas autoridades nacionais e locais, empresas de serviços públicos, agências de energia e associações de consumidores (Lopes et al., 2012). A regulamentação, o aumento dos preços, as preocupações ambientais e as obrigações morais de reduzir o consumo de energia são factores que motivam as mudanças de comportamento (Oikonomou et al., 2009). Os instrumentos de educação e informação são utilizados para mudar as atitudes comportamentais em relação à eficiência energética através de mudanças voluntárias, enquanto as mudanças regulamentares obrigam a mudanças comportamentais (Sweeney et al., 2013). Abrahamse et al. (2007) estudaram os efeitos da informação personalizada, definição de objectivos e feedback personalizado sobre os comportamentos domésticos relacionados com a energia e o resultado mostra que a combinação de informação personalizada, definição de objectivos e feedback foi eficiente na redução do consumo de energia devido a mudanças de comportamento no ambiente construído. O aumento do conhecimento e da consciencialização não se traduz diretamente em mudanças comportamentais, devido ao facto de o conhecimento não ser um motivador para o envolvimento num comportamento desejado (Sweeney et al., 2013). Leighty e Meier (2011) estudaram actividades domésticas que reduziram a procura de eletricidade em 25% em Juneau, no Alasca, e concluíram que a combinação certa de condições, incentivos e estratégias resultará em grandes poupanças de eletricidade. Também afirmam que as mudanças de comportamento e de tecnologia induzidas por uma crise temporária podem reduzir permanentemente o consumo de eletricidade, uma vez que os comportamentos aprendidos durante a crise se tornaram novos hábitos, pois os clientes optam por não regressar às suas rotinas anteriores à crise. Os comportamentos de consumo intensivo de energia são incentivados pela conceção, comercialização e serviços da televisão e dos aparelhos associados, que estão a ser incorporados nos aspectos materiais e sociais da vida quotidiana dos agregados familiares. Uma boa política evitará que estes comportamentos de consumo intensivo de energia se tornem um estilo de vida normal (Crosbie, 2008). Lillemo (2014) estudou os efeitos da procrastinação e da consciência ambiental na poupança de energia das famílias e o resultado mostra que, em geral, o grau de procrastinação das famílias, o nível de consciência ambiental e a maioria dos factores socioeconómicos estão altamente associados aos comportamentos de poupança de energia dos inquiridos. O autor também afirma que os indivíduos com maior grau de procrastinação podem não se envolver em actividades de poupança de energia, enquanto os indivíduos com um elevado nível de consciência ambiental podem ter comportamentos de redução. No entanto, o efeito da consciência ambiental não parece ser um fator importante para o comportamento de eficiência energética.

A visão da economia comportamental e a sua aplicação ao domínio da eficiência energética nos países em desenvolvimento mostra que questões sociais como a confiança no fornecedor de serviços ou no vendedor do produto, o estatuto e as normas locais, bem como mensagens claras e salientes são susceptíveis de afetar a difusão da eficiência energética. Além disso, soluções de financiamento inovadoras, como sistemas de pagamento conforme o uso e contadores de eletricidade pré-pagos que correspondem à conta mental das pessoas pobres, podem ser importantes (Never, 2014). No entanto, "*muitos dos factores comportamentais que provaram ser barreiras nos países desenvolvidos e que podem ser relevantes para a eficiência energética nos países em desenvolvimento continuam por testar*" (Never, 2014). Além disso, Never (2014) sugeriu quatro formas de praticar comportamentos de poupança de energia por famílias pobres sem acesso à rede eléctrica: (i) iluminação (ii) mudança para combustíveis mais eficientes e fogões de cozinha eficientes (iii) isolamento ou ventilação eficaz das casas e (iv) utilização de aparelhos eficientes.

2.5 Conceção de políticas - A escolha dos instrumentos

"A política é definida como um instrumento teórico ou processual concebido para resolver problemas específicos que afectam direta ou indiretamente as sociedades em diferentes períodos de tempo e espaços geográficos" (Estrada, 2011). Estes instrumentos são as ferramentas que os administradores utilizam para implementar os seus objectivos políticos (Kelly, 2012). A escolha do instrumento de política determina a sua eficácia e eficiência.

Em geral, as políticas estão a ser desenvolvidas e implementadas para resolver as falhas do mercado. Uma falha de mercado nas políticas energéticas ambientais inclui externalidades, assimetrias de informação, falhas no mercado de capitais e o problema do senhorio/inquilino (Steimikiene, 2014). As recomendações de vários analistas e economistas do sector da energia sobre a escolha do instrumento a utilizar pelo governo para promover a eficiência energética diferem; várias delas basearam-se apenas no tipo de falha de mercado identificada (Varone e Aebischer, 2001). A escolha do instrumento de política não é apenas um processo racional ou técnico, uma vez que as questões energéticas não são apenas questões técnicas, mas também sociais. O processo não se limita à identificação pelos decisores políticos de uma lacuna (por exemplo, o preço) e à escolha de um instrumento para a atenuar (por exemplo, incentivos). Por conseguinte, a conceção de instrumentos políticos está sempre dependente do ambiente político e das lutas de poder entre os actores privados e públicos do sector regulamentado (Varone e Aebischer, 2001). Além disso, a estratégia de conceção das políticas deve sublinhar a importância política do instrumento, uma vez que a seleção do instrumento político é um processo neutro que visa apenas reduzir o custo social da intervenção governamental, uma vez decididos os objectivos da política pública.

Diferentes instrumentos políticos (por exemplo, normas e rótulos, subsídios, impostos, etc.) podem ser aplicados alternativamente pelo Estado para atingir o mesmo objetivo político (por exemplo, eficiência energética), mas estes diferentes instrumentos não devem ser considerados como funcionalmente equivalentes de um ponto de vista político. Cada instrumento político está indissociavelmente relacionado com recursos administrativos, agências de execução, grupos-alvo e procedimentos institucionais específicos (Varone e Aebischer, 2001). A partir da literatura empírica sobre a conceção de políticas, quatro proposições principais permitem-nos definir adequadamente as principais facetas da economia política de um instrumento político: (1) a medida de coerção do instrumento, definida em termos de restrições ideológicas e financeiras sobre o papel respetivo do governo e do mercado privado, (2) a sua intensidade de recursos, definida em termos de custos operacionais organizacionais, (3) o seu risco político, definido em termos de visibilidade pública do (potencial) fracasso da política, e (4) a sua orientação, definida em termos da precisão e seletividade com que os instrumentos políticos se dirigem aos destinatários dos benefícios e dos custos (Varone e Aebischer, 2001).

Em teoria, existem muitos instrumentos para promover a eficiência energética. De acordo com o Departamento de Energia dos EUA, podem ser identificadas três categorias de instrumentos: (a) instrumentos que eliminam os aparelhos menos eficientes (por exemplo, acordo voluntário sobre valores-alvo, normas sobre eficiência energética mínima); (b) instrumentos que orientam a escolha dos consumidores para aparelhos mais eficientes do ponto de vista energético através de melhor informação e interesse económico (por exemplo, rotulagem obrigatória ou voluntária, rótulo de qualidade, formação em campanhas de retalhistas, descontos para os consumidores, imposto sobre aparelhos) e que promovem novos padrões de utilização dos aparelhos (por exemplo, programas de educação, imposto de incentivo sobre a eletricidade); e (c) instrumentos para desenvolver e lançar aparelhos mais eficientes do ponto de vista energético (por exemplo, programas de educação, imposto de incentivo sobre a eletricidade).c) instrumentos para desenvolver e lançar no mercado aparelhos mais eficientes (por exemplo, apoio financeiro à investigação e ao desenvolvimento privados, apoio organizacional à transferência de tecnologia, compras públicas e aquisição cooperativa de tecnologia) (Varone e Aebischer, 2001). Os instrumentos utilizados nos Países Baixos para promover a eficiência energética no ambiente construído são convénios, incentivos, impostos, ferramentas de informação e regulamentação (Murphy et al., 2012). Na literatura sobre instrumentos políticos, foram feitas quatro distinções principais com base nos mecanismos que empregam para influenciar e coordenar a ação colectiva. Estes incluem informação ou persuasão, instrumentos de política cooperativa, económica e regulamentar (Bocher, 2012).

O conjunto prático de instrumentos de política disponíveis e em uso para lidar com o significativo consumo de energia associado aos aparelhos inclui a disponibilização de informação, incentivos sob a forma de subsídios de vários tipos e regulamentação sob a forma de requisitos do produto (Kelly, 2012). Os instrumentos de política são classificados nas seguintes categorias: mecanismos de regulação e controlo, económicos/mercado, instrumentos e incentivos fiscais, e apoio, informação e ação voluntária (Streimikiene, 2014). Vários instrumentos de política de eficiência energética foram introduzidos pelos Estados-Membros da UE para promover a eficiência energética no ambiente construído, incluindo normas de desempenho energético, subsídios e deduções fiscais, rotulagem, informação e campanhas educativas (Filippini et al., 2014). Esta classificação implica que o governo pode provocar a transformação do mercado de aparelhos energeticamente eficientes, dependendo da escolha do instrumento (Varone e Aebischer, 2001). Muitos países implementaram políticas destinadas a melhorar a eficiência energética utilizando instrumentos políticos como incentivos económicos para reduzir o padrão de consumo de energia nos agregados familiares. No entanto, a falta de motivadores não económicos, por exemplo, o aparente fosso entre as preferências a longo e a curto prazo dos agentes, constitui um obstáculo importante à capacidade de resposta dos agregados familiares aos incentivos económicos. Isto é muito crítico para as políticas que visam a utilização de energia pelos agregados familiares, onde os agentes não conseguem adotar aparelhos energeticamente eficientes que sejam rentáveis (Streimikiene, 2014).

De acordo com a literatura sobre instrumentos políticos, não existe uma regra rígida no que diz respeito à escolha de políticas, mas é amplamente aceite que são necessárias combinações de instrumentos para a eficácia das políticas (Bressers e Huitema, 1999, Varone e Aebischer, 2001 e Murphy et al., 2012). Uma melhor compreensão da relação entre normas, valores e comportamento ambiental dos indivíduos pode ser uma visão muito útil para os decisores políticos escolherem ou combinarem instrumentos para a eficiência energética doméstica (Lopes et al., 2012). Os instrumentos de informação tentam influenciar a ação colectiva fornecendo informação aos cidadãos e a outros actores, os instrumentos cooperativos utilizam o mecanismo de coordenação das negociações, que podem ter lugar entre actores privados ou entre actores privados e o Estado, para estabelecer medidas voluntárias que conduzam a acordos voluntários, os instrumentos reguladores utilizam o princípio da hierarquia aplicando princípios de comando e controlo para influenciar o comportamento e os instrumentos económicos utilizam o mecanismo de coordenação baseado no mercado dos preços para influenciar o comportamento dos actores (Bocher, 2012). Os programas de informação não são muito eficazes para influenciar a decisão de compra de aparelhos eficientes, os subsídios são mais susceptíveis de induzir a adoção de aparelhos eficientes, embora o seu efeito seja menor do que o dos MEPS promulgados por lei e sujeitos a um controlo de conformidade adequado (Kelly, 2012). As iniciativas da Lighten African recomendam uma abordagem política integrada, como as MEPS, a monitorização, a verificação e a aplicação da lei, a rotulagem e a certificação obrigatórias, a certificação e a rotulagem voluntárias, os subsídios, os descontos e a distribuição gratuita, os aumentos ou isenções de impostos, a sensibilização, a promoção e a educação, o pagamento a prestações ou o financiamento na fatura e a gestão ambientalmente correta para uma implementação sustentável, eficaz e a longo prazo para uma transição para a iluminação eficiente (UNEP, 2012).

As duas principais abordagens utilizadas para explicar a escolha de instrumentos ambientais são a abordagem do instrumentalismo ingénuo e a abordagem da teoria da escolha pública (Bocher, 2012). O instrumentalismo ingénuo parece sobrestimar o potencial da escolha de instrumentos e subestimar a relevância dos processos políticos, ao passo que a abordagem da escolha pública, devido a um privilégio dos interesses estáticos dos actores políticos, subestima o potencial da escolha de instrumentos e sobrestima a persistência política (Bocher, 2012). Cumberland (1990) sugere uma abordagem de escolha pública para a gestão ambiental, segundo a qual a conceção de instrumentos políticos mais eficazes se baseria não só na eficiência económica, mas também na validade científica, na equidade distributiva e na aceitabilidade dos grupos de interesses.

2.6 Barreiras à eficiência energética nos agregados familiares

A implementação de tecnologias e práticas energeticamente eficientes, a fim de reduzir a energia necessária para fornecer a mesma produção ou nível de serviço, está a tornar-se rapidamente uma ferramenta política essencial em todo o mundo para ajudar a satisfazer o crescimento da procura de energia (Sarkar e Singh, 2010). Os resultados de vários investigadores mostram que a eficiência energética pode colmatar a lacuna entre a procura crescente e o fornecimento epilético de energia sem afetar a qualidade do serviço (Vine et al., 1991, Reddy, 2003 e Reddy, 2013). Apesar de vários esforços para aumentar os ganhos de eficiência energética e a difusão de tecnologias de eficiência energética em todo o mundo, os resultados ainda são fracos em comparação com o potencial da eficiência energética, especialmente nos países em desenvolvimento (Never, 2014). No entanto, a experiência tem mostrado que, a menos que as barreiras à adoção de tecnologias eficientes sejam abordadas, isso pode não acontecer (Reddy, 2003 e Reddy, 2013). Além disso, existe um grande fosso entre as oportunidades teoricamente possíveis através da adoção de tecnologias eficientes em termos de custos e o que é praticamente alcançado devido a um conjunto de barreiras (Sarkar e Singh, 2010 e Reddy, 2013).

"Uma barreira é um fator de atração que inibe o investimento em tecnologias energeticamente eficientes. Pode também ser considerada como um obstáculo ao investimento privado ou uma incerteza relacionada com o valor futuro da variável, que pode ser política, legal, financeira, etc." (Reddy, 2013). Webber (1997)

identificou quatro grandes barreiras às medidas de eficiência energética: barreiras institucionais, barreiras de mercado, barreiras organizacionais e barreiras comportamentais. As barreiras que se colocam à regulamentação energética dos edifícios nos países em desenvolvimento são as barreiras económicas/financeiras, a falta de tecnologias de produção adequadas, as barreiras comportamentais, as barreiras organizacionais e as barreiras informativas (Iwaro e Mwasha, 2010). Alguns dos obstáculos à eficiência energética nos países em desenvolvimento são a falta de consenso sobre as melhores práticas para promover a eficiência energética, a solução projeto a projeto para enfrentar os desafios mais sistemáticos, a dependência excessiva dos modelos de programas de eficiência energética ocidentais, a falta de dados sobre a eficiência energética, a má governação da eficiência energética, os pequenos mercados de eficiência energética, os subsídios à energia, a falta de instituições e de capacidades para a implementação da eficiência energética (Sarkar e Singh, 2010). Nair et al. (2010) categorizaram os factores que influenciam os investimentos em eficiência energética nos edifícios residenciais existentes na Suécia em factores contextuais e pessoais. Os factores contextuais incluem a propriedade da casa, a idade do agregado familiar, o custo da energia do agregado familiar e o investimento anterior em melhorias de eficiência energética, enquanto os factores pessoais são o comportamento do indivíduo, o nível de educação, o rendimento do agregado familiar, a presença de uma pessoa tecnicamente qualificada em casa, o sexo, etc. A compreensão destas barreiras é muito importante para a formulação e aplicação de uma política eficaz que incentive a adoção de tecnologias de eficiência energética (Reddy, 2013).

Os principais obstáculos a uma maior adoção de tecnologias eficientes e de medidas de eficiência energética são de natureza inerentemente institucional (Taylor et al., 2008 e Sarkar e Singh, 2010). A falta de uma governação adequada em matéria de eficiência energética ou de poder para fazer cumprir os regulamentos relativos à eficiência energética por parte das agências de execução, o facto de as instituições financeiras não concederem empréstimos para a eficiência energética, a divisão de incentivos entre senhorios e inquilinos, a falta de informação sobre a eficiência energética e a sensibilização das várias partes interessadas são obstáculos à eficiência energética (Sarkar e Singh, 2010). A gestão da procura (DSM) e as empresas de serviços energéticos (ESE) foram desenvolvidas pelos países da Organização para a Cooperação e o Desenvolvimento Económico (OCDE) para fazer face a estes desafios institucionais. No entanto, para serem eficazes, os mecanismos institucionais devem ser concebidos para se adequarem e adaptarem ao ambiente local (Sarkar e Singh, 2010).

Jaffe e Stavins (1994) estudaram as razões que militam contra a adoção generalizada de lâmpadas fluorescentes compactas, de materiais de isolamento térmico melhorados e de aparelhos energeticamente eficientes e identificaram como principais obstáculos as deficiências do mercado, como a falta de informação transparente sobre os ganhos da eficiência energética, e as deficiências não relacionadas com o mercado, como os custos de transação da aplicação de tecnologias energeticamente eficientes. Os principais estudiosos da economia defendem que um mercado imperfeito é o principal obstáculo à lenta adoção de tecnologias energeticamente eficientes e ao investimento na eficiência energética. Essas falhas de mercado incluem problemas de informação, custos de energia não precificados e a natureza de transbordamento da investigação e desenvolvimento (Chai e Yeo, 2012). O baixo preço da energia praticado pelos reguladores é uma das falhas de mercado que afecta a utilização eficiente da energia. Outras são a informação imperfeita e a divisão de incentivos entre senhorios e inquilinos (Reddy, 2013). Num estudo sobre as opções e os potenciais obstáculos e riscos para reduzir o consumo de energia, o pico da procura e as emissões de sete aparelhos domésticos essenciais para o mercado dos EUA, Bensal et al. (2011) identificaram o custo inicial elevado como um dos principais obstáculos à adoção de aparelhos eficientes e propuseram como solução a criação de normas mínimas de desempenho energético (MEP) com custos proibitivos e incentivos tanto para os fabricantes como para os consumidores.

Um estudo que relaciona as variáveis demográficas com as barreiras que afectam a adoção de medidas de eficiência energética doméstica nas habitações do Reino Unido identificou as seguintes barreiras: (i) Crenças/informação (falta de conhecimento do que fazer, desconfiança em relação às empresas de energia) (ii) Custo (custo inicial das medidas de eficiência energética) (iii) Oposição inter-ocupantes em relação às medidas de eficiência energética (iv) Barreiras institucionais, tais como incentivos governamentais incorretamente direcionados (v) Incentivos divididos entre senhorios e inquilinos (vi) Comportamento pessoal e (vii) As limitações que as estruturas da propriedade impõem aos residentes (Pelenur et al., 2012). Em Espanha, as barreiras à eficiência energética no ambiente construído são (i) Barreiras financeiras, tais como o acesso ao financiamento, investimento inicial elevado e expectativas de retorno, decisões concorrentes e baixa prioridade das questões energéticas (ii) Barreiras de informação e sensibilização, que incluem a falta de sensibilização para as potencialidades da eficiência energética, informação insuficiente e imprecisa e falta de informação sobre competências e conhecimentos relacionados com os profissionais da construção (Travezan et al., 2013).

Faber e Hoppe (2013) identificaram a má conceção regulamentar, a falta de procura no mercado e as caraterísticas institucionais do sector da construção como as principais barreiras que afectam a difusão das inovações em matéria de energia verde no ambiente construído holandês. As barreiras à eficiência energética no sector residencial na China incluem barreiras legais (falta de autoridade legislativa específica), barreiras administrativas (falta de sanções suficientes em caso de incumprimento), barreiras financeiras (falta de mecanismo de financiamento multicanal), barreiras de mercado (falta de mercado para sistemas de serviços energéticos, falta de capital para comprar equipamentos energeticamente eficientes) e barreiras sociais, tais como a influência do conhecimento público, cultura, estilo de vida e comportamentos (Zhang e Wang, 2013). As barreiras à eficiência energética estão resumidas na tabela 1 abaixo

Barreiras à eficiência energética		
	Barreira	Exemplo / Explicação
1	Pol ítica/ Regulamentação	- Tarifas de energia que desincentivam o investimento na eficiência energética - As políticas de aquisição favorecem o custo mais baixo - Direitos de importação sobre equipamento de eficiência energética - Quadro institucional pouco desenvolvido para a eficiência energética - Falta de normas para os aparelhos e de códigos de eficiência energética, falta de ensaios e aplicação deficiente - Estruturas de incentivo que encorajam os fornecedores de energia a vender energia em vez de investir em eficiência energética com uma boa relação custo-eficácia - Preconceito institucional a favor dos investimentos do lado da oferta
2	Fornecedores de equipamentos / serviços	- Elevados custos de desenvolvimento de projectos - Mercados difusos / diversificados - Competências técnicas, comerciais e de gestão de riscos limitadas - Financiamento limitado / capital próprio - Falta de tecnologias de eficiência energética acessíveis e adequadas às condições locais - Capacidades locais insuficientes para identificar, desenvolver, aplicar e manter os investimentos em eficiência energética
3	Financiadores	- Novas tecnologias e mecanismos contratuais - Pequenas dimensões / dispersão generalizada custos de transação elevados - Riscos elevados percebidos, uma vez que não se trata de um projeto tradicional baseado em activos - Outros projectos de maior rendimento e baixo risco são mais atractivos - Vieses comportamentais

4	Utilizador final	- Falta de sensibilização para a eficiência energética - Desenvolvimento de projectos e custos iniciais mais elevados - Capacidade/disposição para pagar o custo adicional - Baixos benefícios em termos de eficiência energética em relação a outros custos - Riscos percebidos das novas tecnologias - O conceito de poupança de energia é virtual (não se consegue ver) - Incentivos mistos - Vieses comportamentais - Falta de dados credíveis
5	Mercado	- Problema do principal-agente, segundo o qual o investidor não colhe os frutos de uma maior eficiência
		- Custos de transação (desenvolvimento do projeto versus poupança de energia) - Procura limitada de bens e serviços de eficiência energética
6	Comportamental	- Teoria da perspetiva, aversão à perda e efeito de dotação - Preferências temporais inconsistentes e desconto hiperbólico - Preferências sociais e aspectos sociais (normas sociais, confiança, estatuto e parasitismo) - Informação (feedback, saliência), enquadramento e contabilidade mental (todos relacionados com a arquitetura da escolha)

Tabela 2.1: Barreiras à Eficiência Energética (Fonte: Sarkar e Singh, 2010 e Never, 2014)

2.7 Implementação da eficiência energética doméstica na África Subsariana

O Gana está na vanguarda da implementação de programas de eficiência energética na África Subsariana (UNEP, 2012 e Never, 2014).

"O Ministério das Minas e Energia, a Fundação para a Empresa Privada e outras partes interessadas do sector energético criaram a Fundação para a Energia do Gana como uma parceria público-privada responsável pela promoção da eficiência energética no Gana" (Ofosu-Ahenkorah, 2002). A Fundação para a Energia não tem qualquer poder constitucional, mas foi mandatada pelo Ministério das Minas e Energia e por outras partes interessadas para implementar iniciativas de eficiência energética aprovadas pelas partes interessadas. Outros papéis desempenhados pela fundação incluem a defesa, consulta e aconselhamento em legislação, diretivas políticas, formulação de regulamentos e ligações com outras partes interessadas, como o Conselho de Normas do Gana, a Comissão de Energia e o parlamento, para garantir que os regulamentos são feitos e aplicados (Ofosu-Ahenkorah, 2002). A Fundação para a Energia adoptou três estratégias para levar a cabo a sua missão: (i) educação e demonstrações públicas; (ii) desenvolvimento institucional e reforço de capacidades; e (iii) defesa de políticas e transformação do mercado.

Os direitos de importação e o imposto sobre o valor acrescentado foram eliminados das lâmpadas fluorescentes compactas em abril de 2003; 5,9 milhões de lâmpadas fluorescentes compactas foram trocadas por lâmpadas ineficientes gratuitamente pela Comissão de Energia do Gana em 2007. O programa custou 15,5 milhões de dólares, suportados exclusivamente pelo Estado, e resultou numa poupança de pico de 124 MW e 112 320 toneladas de CO_2 por ano. As normas de eficiência energética e a rotulagem dos aparelhos de refrigeração para uso doméstico foram implementadas em 2008 e 2009. Além disso, um inquérito realizado em 2009 mostra que a penetração das lâmpadas fluorescentes compactas aumentou de 3% para 79% e a das lâmpadas incandescentes diminuiu de 58% para 3% (PNUA, 2012 e Never, 2014). Os instrumentos políticos utilizados incluem a criação de MEPS (GS 323: 2003) e de normas de desempenho e eficiência para as LFC (L.I 1815) em 2005. As agências de execução são a Fundação da Energia, a Comissão da Energia, o Conselho de Normas do Gana, o Departamento das Alfândegas e a Autoridade das Normas do Gana (GEC, PNUA, 2012 e Never, 2014).

O governo do Gana utilizou o Programa de Desconto de Aparelhos Frigoríficos para transformar o mercado de aparelhos frigoríficos no Gana, oferecendo um desconto de até GHS 200 para a compra de um frigorífico e congelador com o rótulo de eficiência energética após a entrega do antigo em funcionamento (GEF, 2013). O *"Ghana Residential Energy Use and Appliance Ownership Survey: Final Report on the Potential Impact of Appliance Performance Standards in Ghana foi publicado em março de 1999 e tornou-se a base para todas as actividades subsequentes de normas e rótulos"*. O relatório mostra que a definição de MEPS para frigoríficos, congeladores, aparelhos de ar condicionado e sistemas de iluminação poderia proporcionar ao Gana um benefício líquido de 64 milhões de dólares.

O Collaborative Labelling and Appliance Standards Program (CLASP), que envolve partes interessadas como o Lawrence Berkeley National Laboratory (LBNL), a Alliance to Save Energy e partes interessadas locais no Gana, desenvolveu as primeiras normas e rótulos para a África Subsariana em 2000. Com base nas reacções do governo do Gana, os aparelhos de ar condicionado foram os primeiros a ser visados, em vez dos frigoríficos, devido ao efeito que estes últimos poderiam ter nos consumidores pobres. O rácio de eficiência energética (EER) de 2,5 watts/watt e o procedimento de ensaio ISO 5151 foram adoptados para os aparelhos de ar condicionado ambiente (Ofosu-Ahenkorah, 2002). *"Embora as condições exactas e a história que levaram ao sucesso do Gana não possam ser recriadas noutros países, os elementos essenciais do processo podem sê-lo"*. Em primeiro lugar, havia uma clara necessidade de melhorar a eficiência energética dos aparelhos e equipamentos; em segundo lugar, foi aprovada legislação muito cedo no processo, com um mandato flexível; em terceiro lugar, foi formada uma parceria público-privada para impulsionar o processo e, finalmente, o processo foi aberto e transparente (Ofosu-Ahenkorah, 2002).

A implementação da eficiência energética noutros países da África Subsariana é a seguinte: A Etiópia lançou projectos de iluminação de eficiência energética bem sucedidos e adoptou medidas para uma transição para uma iluminação eficiente. Não existem MEPS voluntários ou obrigatórios, mas o governo abordou a necessidade de uma política robusta de eficiência energética para definir, emitir e divulgar códigos e normas para a implementação da eficiência energética. Outras políticas de apoio são a redução dos direitos de importação, o projeto de legislação sobre lâmpadas eficientes e a campanha de sensibilização em várias línguas nacionais. A Ethiopian Electric Power Corporation (EEPCO) lançou um programa para a distribuição de 4 milhões de lâmpadas fluorescentes compactas com o apoio do Banco Mundial (UNEP, 2012).

O governo do Quénia, em parceria com o GEF e o PNUD, lançou o programa "The Standard and Labelling (S&L) Program", que visa reduzir as emissões de CO_2 relacionadas com a eletricidade, melhorando a eficiência da utilização final de determinados aparelhos e equipamentos nos sectores residencial, comercial e industrial. Outros países que aderiram a esta iniciativa são o Burundi, o Ruanda, a Tanzânia e o Uganda. Este programa político tem um plano de execução de cinco anos com o objetivo de eliminar os obstáculos à transformação do mercado em produtos e serviços energeticamente eficientes. O programa visa os clientes com rendimentos médios e baixos e utiliza campanhas de sensibilização e MEPS obrigatórias como instrumentos políticos. A implementação da política resultou na substituição de lâmpadas ineficientes por 1,25 milhões de lâmpadas energeticamente eficientes na primeira fase e 3,3 milhões de lâmpadas energeticamente eficientes na segunda fase. O Gabinete de Normas do Quénia (KEBS), a Divisão de Desenvolvimento de Normas (SDD), a Divisão de Metrologia e Ensaios (MTD) e a Divisão de Garantia de Qualidade e Inspeção (QAI) são as agências de implementação (GKMI 2012 e UNEP, 2012).

O governo da República da Zâmbia lançou a Política Nacional de Energia em 1994 para substituir a Lei da Eletricidade e a criação de uma entidade reguladora (o Conselho de Regulação da Energia). Embora as normas e a certificação de rotulagem ou MEPS não tenham sido implementadas, a empresa nacional de eletricidade, ZESCO, iniciou a transição para uma iluminação eficiente, distribuindo seis (6) lâmpadas fluorescentes compactas por agregado familiar em troca das lâmpadas incandescentes. Outras medidas tomadas pela ZESCO são o adiamento dos direitos aduaneiros e do imposto sobre o valor acrescentado sobre as lâmpadas eficientes, a parceria com os retalhistas e o incentivo à utilização de LFC pelos consumidores através de campanhas de sensibilização (PNUA, 2012).

O governo da África do Sul publicou a Estratégia Nacional de Eficiência Energética (NEES) em 2005 para o sector residencial. A empresa nacional de serviços públicos, ESKOM, liderou os programas de gestão do lado da procura destinados a tecnologias energeticamente eficientes e a mudanças comportamentais. Isto levou à instalação de mais de 47 milhões de lâmpadas fluorescentes compactas no sector residencial em 2011, reduzindo a procura em 1.958MW. Estrategicamente, o desenvolvimento energético foi ligado aos planos nacionais de desenvolvimento socioeconómico e o governo sul-africano tem como objetivo uma melhoria de 10% na eficiência energética do sector residencial até 2015, em relação aos níveis de 2005. Foram utilizadas campanhas porta a porta e pontos de troca na distribuição de lâmpadas fluorescentes compactas. O controlo, a verificação e a aplicação da lei são efectuados pelo Gabinete de Normas Sul-Africano (SABS). Uma iniciativa da ESKOM, da Western Cape e da Cidade do Cabo concebeu uma estratégia de recuperação de LFC e identificou os pontos de venda de LFC como a opção mais prática para atuar como centros de entrega (PNUA, 2012).

Políticas e medidas	Países
MEPS	Gana
Supressão de direitos e impostos	Uganda, Ruanda e Gâmbia
Contratos a granel com e sem recuperação de custos	Ruanda, Gana, África do Sul e Uganda
Integração dos benefícios do MDL	Ruanda, Gana, Senegal, África do Sul, Malawi, Quénia, Nigéria, Togo e Chade
Branding com publicidade e promoção cooperativa	Uganda e Ruanda

Tabela 2.2: Políticas e medidas de eficiência energética aplicadas na África Subsariana (Fonte: UNEP, 2012)

2.8 Lições aprendidas com outros países

As lições que se seguem foram retiradas da aplicação da política de eficiência energética dos electrodomésticos por outros países:

1. A adoção de aparelhos energeticamente eficientes pelos agregados familiares tem um enorme potencial para reduzir a procura nacional de energia e a emissão de gases com efeito de estufa, especialmente o dióxido de carbono
2. A eficiência energética dos aparelhos domésticos foi melhorada por muitos países através da rotulagem energética, da aquisição de aparelhos energeticamente eficientes, de acordos voluntários, da gestão da procura e da aplicação de normas mínimas de eficiência energética
3. Os instrumentos políticos utilizados por outros países incluem instrumentos regulamentares, administrativos, de informação e económicos
4. O retorno da informação e a sensibilização maciça através de diferentes meios de comunicação têm sido utilizados para procurar uma mudança de comportamento na utilização doméstica da energia
5. Para que uma política seja eficaz, deve ser concebida de modo a ter em conta a forma como a adoção de tecnologias, as práticas de poupança de energia, os conhecimentos sobre a utilização de energia e o comportamento em relação à conservação de energia estão relacionados com as caraterísticas do agregado familiar e devem adequar-se ao ambiente local
6. Para que as políticas sejam eficazes, é necessária uma combinação de instrumentos políticos
7. É necessária legislação que regule a transição para aparelhos eficientes por parte dos agregados familiares
8. Para uma política eficaz e eficiente, todas as partes interessadas nos aparelhos domésticos (fabricantes, vendedores, utilizadores, etc.) devem ser envolvidas num processo aberto e transparente
9. Todas as agências governamentais envolvidas na governação da eficiência energética dos aparelhos domésticos devem trabalhar em sinergia.

2.9 Quadro teórico

A Ferramenta de Avaliação da Governação (GAT) será utilizada para avaliar a estratégia de governação das políticas e práticas de eficiência energética dos principais aparelhos eléctricos no ambiente construído na Nigéria.

Bressers et al. (2013) definem governança da seguinte forma: "A governação é a combinação da multiplicidade relevante de responsabilidades e recursos, estratégias instrumentais, objectivos, redes de actores e escalas que formam um contexto que, em certa medida, restringe e, em certa medida, permite acções e interações".

A ferramenta que tem sido aplicada principalmente à avaliação da governação da água especifica, no entanto, as dimensões da governação em geral e pode descrever sistematicamente o conteúdo do regime de governação numa determinada área relativamente a uma determinada questão (Bressers et al., 2013). O GAT é um modelo do tipo "matriz", composto por cinco elementos e quatro critérios, que não inclui a (inter)ação resultante, relacionada com a implementação de políticas ou projectos, como parte do conceito de governação, mas vê a governação como o contexto em que essas (inter)acções têm lugar. Isto implica que os resultados da análise não dirão qual é a melhor opção política; em vez disso, o modelo chama a atenção para as condições de governação que podem dificultar as políticas e os projectos em condições complexas e dinâmicas. O tipo de aconselhamento político que o modelo gera é o tipo de barreiras e obstáculos no contexto da governação que terão de ser tratados para a eficácia da política (Breesers et al., 2013).

"A avaliação de um regime de governação deve basear-se na identificação do regime e na avaliação do regime com critérios" (Bressers et al., 2013). A governação da política de eficiência energética dos principais aparelhos eléctricos domésticos na Nigéria será avaliada utilizando as cinco dimensões e os quatro critérios especificados pelo GAT. Consequentemente, será criada uma matriz de questões relevantes para o grau em que o contexto de governação orienta e facilita a gestão eficaz da política de eficiência energética dos principais aparelhos electrodomésticos na prática na Nigéria.

Os cinco elementos-chave da governação são:

1. Níveis e escalas (não necessariamente níveis administrativos): a governação assume o carácter multinível de todas as outras dimensões.

2. Os actores e as suas redes: a governação pressupõe o carácter multi-ator da(s) rede(s) em causa. *"Os actores envolvidos não agem, na maioria dos casos, sozinhos, mas também em nome de apoiantes ou grupos de interesse que representam. É importante considerar as ligações em rede em torno dos actores e a coligação existente"* (Kuks et al., 2012).

3. Percepções do problema e das ambições dos objectivos (e não apenas dos objectivos): a governação assume o carácter multifacetado dos problemas e das ambições. *"Diferentes actores têm perspectivas diferentes sobre um problema político. Há vários discursos em que um grupo de actores percepciona um problema. Também as ambições de objectivos variam entre os actores"* (Kuks et al., 2012).

4. Estratégias e instrumentos: a governação assume o carácter multi-instrumental das estratégias dos actores envolvidos. *"Para ser eficaz, é necessário ter uma estratégia para atingir os objectivos, incluindo uma variedade de instrumentos políticos a serem aplicados"* (Kuks et al., 2012).

5. Recursos e organização da implementação: a governação assume a complexa base de recursos múltiplos para a implementação. (Kuks et al., 2012, Bressers et al., 2013). *"Não é suficiente ter uma estratégia política no papel. É necessária a sua aplicação para se tornar efectiva. A implementação ocorre frequentemente a outro nível inferior dos governos. A eficácia depende das responsabilidades (competências, mandatos) que são atribuídas e dos recursos que estão disponíveis ou são fornecidos a esse nível inferior de governo. Os recursos importantes são: autoridade, confiança, direitos de propriedade, meios financeiros, capacidade organizacional, recursos humanos, competências, informação, conhecimento e tempo"* (Kuks et al., 2012).

Os quatro critérios fundamentais são:

i. Âmbito: são tidos em conta todos os aspectos relevantes?

ii. Coerência: todos os aspectos se reforçam em vez de se contradizerem?

iii. Flexibilidade: são permitidas e apoiadas várias vias para atingir os objectivos, em função das oportunidades e ameaças que vão surgindo?

iv. Intensidade: o grau em que os elementos do regime exigem mudanças no status quo ou nos desenvolvimentos actuais. (Bressers et al., 2013).

As perguntas de avaliação são formuladas com base nos quatro critérios de qualidade. Para iniciar a conceção da investigação para avaliar o contexto da governação relativamente a um determinado recurso, são úteis perguntas descritivas baseadas em cinco dimensões da governação. As perguntas específicas e as respostas a estas perguntas baseadas em cinco dimensões formam um quadro aprofundado do contexto de governação. As perguntas descritivas são:

Dimensões da governação	Principais questões descritivas
Níveis e escalas	Quais são os níveis administrativos envolvidos e como? Que escalas de eficiência energética são consideradas e de que forma? Em que medida dependem umas das outras ou são capazes de atuar de forma produtiva por si próprias? Algum destes aspectos mudou ao longo do tempo ou é suscetível de mudar num futuro previsível?
Actores e redes	Que actores estão envolvidos no processo? Em que medida têm relações de rede também fora do caso em estudo? Quais são os seus papéis? Que actores estão envolvidos apenas como afectados ou beneficiários das medidas tomadas? Quais são os conflitos entre estes actores? Quais são as formas de diálogo entre eles? Existem actores com um papel de mediação? Algum destes actores mudou ao longo do tempo ou é suscetível de mudar num futuro previsível?
Perspectivas de problemas e ambições de objectivos	Quais são os diferentes ângulos do debate público e das partes interessadas em relação ao problema em causa? A que níveis de eficiência se destinam as actuais políticas? Que níveis de eficiência destes aparelhos são considerados aceitáveis pelas diferentes partes interessadas? Que objectivos são estipulados nos documentos políticos relevantes? Algum destes objectivos mudou ao longo do tempo ou é provável que mude num futuro previsível?
Estratégias e instrumentos	Que instrumentos e medidas políticas são utilizados para modificar a situação problemática? Em que medida reflectem uma determinada estratégia de influência (reguladora, de incentivo, comunicativa, técnica, etc.)? Algum deles mudou ao longo do tempo ou é suscetível de mudar num futuro previsível?
Responsabilidades e recursos	Que organizações são responsáveis por que tarefas no âmbito das políticas e costumes relevantes? Que transparências são exigidas e monitorizadas relativamente à sua utilização? Existem conhecimentos suficientes sobre eficiência energética? Algum destes aspectos sofreu alterações ao longo do tempo ou é suscetível de sofrer alterações num futuro previsível?

Quadro 2.3: Principais questionários descritivos por dimensão da governação (Fonte: Bressers et al., 2013)

O questionário para a avaliação do regime é o seguinte:

Dimensões da governação	Extensão	Coerência	Flexibilidade	Intensidade

Níveis e escalas	Quantos níveis estão envolvidos e a lidar com uma questão? Existem lacunas importantes ou níveis em falta?	Estes níveis trabalham em conjunto e confiam uns nos outros entre níveis? Em que medida é reconhecida a dependência mútua entre níveis?	É possível subir e descer de nível (subir e descer de escala) tendo em conta a questão em causa?	Existe um forte impacto de um determinado nível para outro? mudança comportamental ou reforma da gestão?
Actores e redes	Todos os intervenientes relevantes estão envolvidos? Quem é excluído?	Qual é a força das interações entre partes interessadas? De que forma estas interações são institucionalizadas em estruturas conjuntas? Qual é o historial do trabalho conjunto? Existe uma tradição de cooperação?	É possível que sejam incluídos novos actores ou mesmo que a liderança passe de um ator para outro quando existem razões pragmáticas para tal? Os actores partilham o "capital social" que lhes permite apoiar as tarefas uns dos outros?	Existe uma forte pressão de um ator ou de uma coligação de actores no sentido de uma mudança de comportamento ou de uma reforma da gestão?
Perspectivas de problemas e ambições de objectivos	Em que medida é que as várias perspectivas problemáticas são resolvidas?	Em que medida os vários objectivos se apoiam mutuamente, ou estão em concorrência ou em conflito?	Existem oportunidades para reavaliar os objectivos?	Em que medida as ambições de objectivos são diferentes do status quo ou da manutenção do status quo?
Estratégias e instrumentos	Que tipos de instrumentos estão incluídos na estratégia política?	Em que medida é que o sistema de incentivos se baseia em sinergias? São consideradas as soluções de compromisso em termos de custos/benefícios e de efeitos distributivos?	Existem oportunidades para combinar ou utilizar diferentes tipos de instrumentos? Existe um	Qual é o desvio comportamental implícito em relação à prática atual e com que intensidade

		Existem sobreposições ou conflitos de incentivos criados pelos instrumentos políticos incluídos?	escolha?	osinstrumentos exigir e fazer cumprir esta obrigação?
Responsabilidades e recursos	Responsabilidades claramente atribuídas e suficientemente facilitadas com recursos?	Em que medida as responsabilidades atribuídas criam lutas de competências ou cooperação no interior das instituições ou entre elas? São consideradas legítimas pelas principais partes interessadas?	Em que medida é possível reunir as responsabilidades e os recursos atribuídos, desde que a responsabilidade e a transparência não sejam comprometidas?	O montante dos recursos afectados é suficiente para implementar o medidas necessárias para a mudança pretendida?

Quadro 2.4: Principais questões de avaliação do instrumento de avaliação da governação   (Fonte: Kuks et al., 2012, Bressers et al., 2013)

As perguntas acima serão aplicadas para avaliar a qualidade da governação das políticas e práticas de eficiência energética dos principais aparelhos eléctricos no ambiente construído na Nigéria.

2.9.1 Relação entre o contexto de governação e o processo de interação

A GAT tem a sua raiz na Teoria da Interação Contextual (CIT). "As dimensões da governação formam um modelo descritivo e uma lista de verificação para descrever todos os aspectos relevantes do contexto da governação. Este contexto influencia as motivações, a informação e os recursos das partes interessadas envolvidas na governação das políticas e práticas de eficiência energética e, por conseguinte, o curso e os efeitos. O CIT começa com a afirmação de que os processos multi-actores podem ser compreendidos a partir das motivações, informações e recursos (M, I e R na figura 1) das partes interessadas envolvidas no processo. Por sua vez, estas caraterísticas das partes interessadas são influenciadas por circunstâncias específicas do caso, resultantes de decisões anteriores (história relevante que, em certa medida, reflecte o contexto de governação) e outras circunstâncias do caso (como as caraterísticas do local geográfico). Também o contexto estrutural e geral da governança pode exercer uma influência direta sobre as motivações, a informação e os recursos dos intervenientes envolvidos e, por conseguinte, sobre o processo e a sua probabilidade de êxito. Um outro contexto é dado pelos cinco critérios que influenciam o grau em que facilitam acções adequadas e adaptativas por parte das partes interessadas envolvidas" (Bressers et al., 2013).

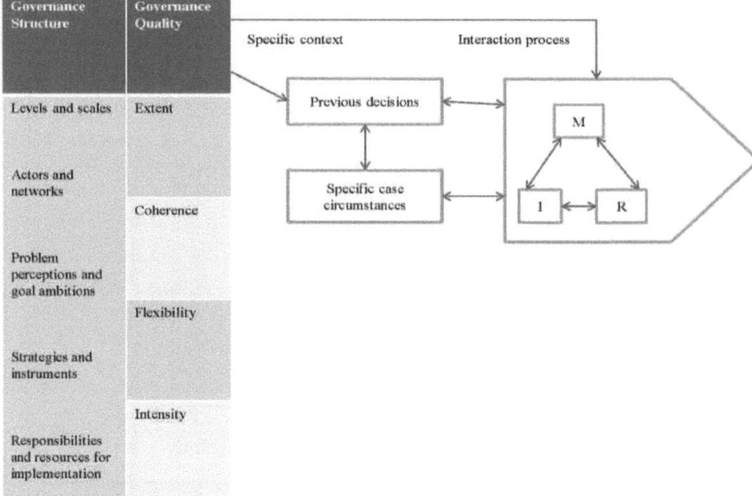

Figura 2.1: Relação entre o contexto de governação e o processo de interação com a motivação M, a informação I e os recursos R das partes interessadas envolvidas. (Fonte: Bressers et al., 2013)

Capítulo 3

3: Metodologia de investigação

3.1 Introdução

O estudo empírico da política de eficiência energética dos principais aparelhos eléctricos do sector residencial na Nigéria incluiu quatro estudos de caso. Os casos foram selecionados com base no facto de serem os principais órgãos governamentais que operam a nível central e que lidam com a eficiência energética. Foram realizadas 10 entrevistas semi-estruturadas para recolher dados qualitativos.

3.2 Estratégia de investigação

"Por estratégia de investigação entende-se o conjunto coerente de decisões relativas à forma como o investigador vai realizar a investigação, nomeadamente a recolha de materiais pertinentes e a transformação desses materiais em respostas válidas às questões de investigação" (Verschuren e Doorewaard, 2010: 155).

Nesta investigação, foi utilizado o GAT com base no quadro teórico encontrado na revisão da literatura. Foi também utilizada uma abordagem de estudo de caso [O estudo de caso é uma estratégia de investigação em que o investigador tenta obter uma visão completa de um ou vários objectos ou processos que estão confinados no tempo e no espaço. Pode tratar-se de uma organização, uma empresa, um sistema de governação, etc. (Verschuren e Dooreward, 2010: 178)]. Esta abordagem foi adoptada com base na forma como os estudos de caso são caracterizados, alguns dos quais são: pequeno domínio constituído por um pequeno número de casos, mais profundidade do que amplitude, amostra estratégica, dados qualitativos e adequado para investigação orientada para a prática.

Foi efectuada uma entrevista presencial com perguntas abertas do GAT. O questionário utilizado para a entrevista é apresentado no Anexo A. Foram utilizados como dados secundários dados estatísticos do estudo de medição do PNUD-GEF e do projeto CFLs. Foram entrevistados dez peritos para esta investigação, tendo sido obtidas respostas de todos eles. Quatro da ECN, uma vez que é o organismo responsável pela formulação de políticas e pelo planeamento estratégico do sector da energia na Nigéria em todas as suas ramificações, e dois peritos dos outros objectos de investigação.

3.2.1 Estudo de caso

A Nigéria tem um sistema de governação federal, estatal e local. Devido à limitação de tempo que o investigador tem para completar este trabalho de mestrado, foram escolhidas quatro instituições governamentais a nível federal como objectos ou casos de investigação. Estas instituições são consideradas suficientes para fornecer as informações necessárias para a avaliação da governação da eficiência energética dos principais aparelhos eléctricos nos agregados familiares da Nigéria.

3.2.2 Seleção do estudo de caso

As instituições governamentais avaliadas baseiam-se no facto de serem os principais órgãos governamentais que operam a nível central no que respeita à política e à regulamentação do sector da energia na Nigéria.

3.2.3 Limite de investigação

O limite da investigação é determinado para garantir que o objetivo desta investigação seja alcançado dentro do prazo. No entanto, não é necessário diminuir o valor desta investigação.

Para este trabalho de investigação, é estabelecido o seguinte limite:

- Os aparelhos eléctricos visados são a iluminação, os frigoríficos e os aparelhos de ar condicionado.
- As instituições governamentais selecionadas e avaliadas como estudo de caso estão sujeitas aos critérios referidos nas secções 3.1.1 e 3.1.2.

3.3 Quadro analítico

O quadro analítico desta investigação é apresentado no diagrama esquemático abaixo.

A análise dos dados desta tese de mestrado foi efectuada pela seguinte ordem:

(a) O primeiro passo é a realização de uma revisão da literatura sobre a adoção de aparelhos eléctricos energeticamente eficientes pelos agregados familiares a partir de artigos publicados em revistas académicas. As lições aprendidas com a revisão da literatura responderão à subquestão de investigação 4.

(b) A entrevista e a análise da entrevista foram efectuadas com recurso ao GAT. Os quatro objectos de investigação foram entrevistados e analisados. O resultado da análise respondeu à questão de investigação 1.

(c) Foi feita a relação entre o contexto de governação e o processo de interação com a motivação, a informação e os recursos das partes interessadas. A sub-pergunta de investigação 3 foi respondida aqui. Também foi feita uma análise descritiva das políticas, práticas e projectos locais de eficiência energética em agregados familiares na Nigéria. A sub-pergunta de investigação 2 foi respondida aqui.

(d) O resultado da análise do GAT e a sua inter-relação com a motivação, a informação e os recursos das partes interessadas, o resultado da análise descritiva das políticas, práticas e projectos locais de eficiência energética atualmente em vigor, em combinação com as lições aprendidas de outros países, foram utilizados para fazer recomendações para o planeamento de políticas. A sub-questão de investigação 5 foi respondida aqui.

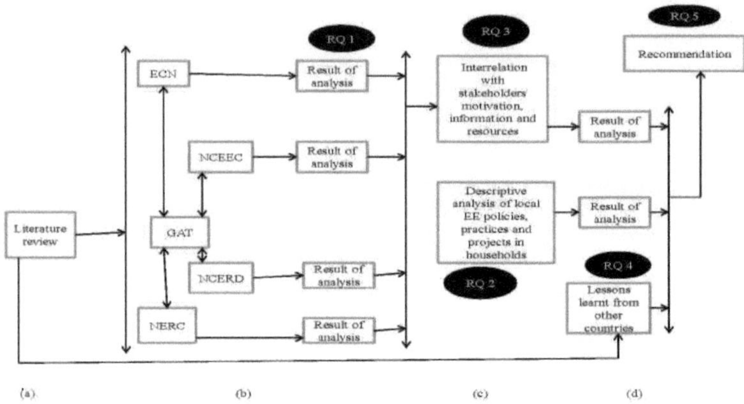

Figura 1.1: Diagrama esquemático do quadro analítico

3.4 Material de investigação

A identificação dos dados necessários para efeitos desta investigação baseou-se no conjunto de questões de investigação secundárias. A fonte de dados, o método de recolha de dados e a resposta às perguntas de investigação são apresentados no Quadro 5

Objetivo da investigação	Questão central da investigação			
O objetivo geral deste estudo é realizar uma investigação para mapear o nível de implementação e os tipos de políticas e práticas de eficiência energética para os principais aparelhos eléctricos do sector residencial na Nigéria e fazer recomendações para o planeamento de políticas.	O que se pode aprender com o sistema de governação das políticas e práticas de eficiência energética que visam os principais aparelhos eléctricos no sector residencial na Nigéria desde o ano 2008 até à data?			RQ respondida no capítulo 6
	Dados necessários	**Fonte**	**Como aceder aos dados**	
RQ 1 : Qual é o sistema de governação da eficiência energética dos principais aparelhos eléctricos nos agregados familiares da Nigéria?	Todas as informações exigidas pelo GAT	ECN, NCEEC, NCERD e NERC	Entrevista	RQ respondida no capítulo 5
RQ 2: Que políticas, práticas e projectos locais estão atualmente em vigor na Nigéria relativamente à eficiência energética dos principais aparelhos eléctricos nos lares nigerianos?	Implementação da política de EE nos agregados familiares da Nigéria desde o ano 2008 até à data.	ECN, NCEEC, NCERD e NERC	Entrevista, Internet e análise de conteúdo do documento do projeto	RQ respondida no capítulo 4
RQ 3: Quem são as principais partes interessadas, suas motivações, informações, recursos e suas inter-relações no que diz respeito à eficiência energética de	Nome das partes interessadas, objectivos e interesses dos actores envolvidos, pressão externa, avaliação da auto-eficácia, autorregulação,	ECN, NCEEC, NCERD e	Entrevista	RQ respondeu em

principais aparelhos eléctricos nos lares da Nigéria?	interpretação da informação e observação da realidade, conhecimento dos grupos-alvo cruciais, informação disponível para o grupo-alvo, quão bem documentada está a informação disponível para os responsáveis pela implementação, atribuição de poder por outros, disponibilidade e acessibilidade de recursos, quem tem poderes para aplicar o instrumento e até onde vai esse poder?	NERC		capítulo 5
RQ 4: Que lições pode a Nigéria aprender na formulação de políticas e na implementação da eficiência energética dos principais aparelhos eléctricos domésticos com as estratégias de outros países em artigos publicados em revistas académicas?	Histórias de sucesso de outros países (políticas, práticas e implementação)	Artigos de revistas académicas eEE relatórios de aplicação de outros países	Internet e sítios Web	RQ respondida no capítulo 2
RQ 5: Que políticas alternativas podem ser formuladas e implementadas para a eficiência energética dos principais aparelhos eléctricos no ambiente construído na Nigéria?	Lições retiradas da análise do GAT, de projectos locais e de outros países	Resultado da análise dos dados	Conclusões da investigação	RQ respondida no capítulo 6

Quadro 3.1: Fonte de dados, método de recolha de dados e onde foram respondidas as questões de investigação

3.5 Análise de dados

A análise qualitativa e quantitativa dos dados das entrevistas foi efectuada utilizando a estrutura GAT. As transcrições das entrevistas foram analisadas através da listagem de todas as respostas relevantes dos dez peritos entrevistados. As frequências das diferentes opiniões por pergunta foram traduzidas em percentagens e apresentadas em gráficos mostrados no capítulo 5 para fornecer a variação das respostas dadas pelos entrevistados por pergunta. A análise descritiva da implementação de políticas e práticas de eficiência energética atualmente em vigor nos agregados familiares na Nigéria foi também elaborada no capítulo 4. A tabela abaixo resume a análise:

Estrutura do GAT	Método de análise
Política e práticas de eficiência energética na Nigéria	Neste caso, foi efectuada uma análise qualitativa e quantitativa das respostas obtidas na pergunta número 1.
Governação Multi-Agências	Quais são as questões importantes a analisar? • Em termos de *extensão*: Quantas agências estão envolvidas e lidam com a eficiência energética dos principais aparelhos eléctricos domésticos? Há alguma agência importante em falta? • Em termos de *coerência*: Estas agências trabalham em conjunto e confiam umas nas outras? • Em termos de *intensidade*: Existe um forte impacto de uma determinada agência na mudança de comportamento?
Governação Multi-Ator	Quais são as questões importantes a analisar? • Em termos de *extensão*: Todos os intervenientes relevantes estão envolvidos? Quem é excluído? Em termos de *coerência*: Qual é a força das interações entre as partes interessadas? De que forma estas interações estão institucionalizadas em estruturas conjuntas? Qual é o historial do trabalho conjunto? Existe uma tradição de cooperação? • Em termos de *flexibilidade*: É prática corrente que o papel principal passe de um ator para outro? • Em termos de *intensidade*: Existe um forte impacto de um ator ou de uma coligação de actores?
Governação multiperspectiva	Quais são as questões importantes a analisar? • Em termos de *extensão*: Em que medida é que as várias perspectivas problemáticas são resolvidas? • Em termos de *coerência*: Em que medida os vários objectivos se apoiam mutuamente ou estão em concorrência? • Em termos de *flexibilidade*: Existem oportunidades para reavaliar os objectivos? • Em termos de *intensidade*: Quão diferentes são as ambições de objectivos do status quo?

Multi-instrumento Governação	Quais são as questões importantes a analisar? • Em termos de *extensão*: Que tipos de instrumentos estão incluídos na estratégia política? • Em termos de *coerência*: Em que medida o sistema de incentivos resultante se baseia em sinergias? • Em termos de *flexibilidade*: Existem oportunidades para combinar ou utilizar diferentes tipos de instrumentos? Existe uma escolha? - Em termos de *intensidade*: Qual é o desvio comportamental implícito em relação à prática atual e com que intensidade os instrumentos o exigem e impõem?
Multi-recursos Governação	Quais são as questões importantes a analisar? • Em termos de *extensão*: As responsabilidades são claramente atribuídas e suficientemente facilitadas com recursos? • Em termos de *coerência*: Em que medida as responsabilidades atribuídas criam lutas de competência ou cooperação no seio das instituições ou entre elas? • Em termos de *flexibilidade*: Qual é a flexibilidade no âmbito da responsabilidade atribuída para aplicar os recursos de modo a fazer o que é correto de uma forma responsável e transparente? • Em termos de *intensidade*: A quantidade de recursos aplicados é suficiente para a mudança pretendida?
Desafios políticos e Recomendações	A análise qualitativa e quantitativa das respostas obtidas nas questões 18 e 19 foi efectuada aqui.

Quadro 3.2: Método de análise dos dados

3.6 Organização do relatório

Esta tese tem seis capítulos. O primeiro capítulo explica em mais pormenor a necessidade de um estudo empírico sobre a eficiência energética dos principais aparelhos eléctricos no sector residencial na Nigéria. O enquadramento da investigação, os conceitos-chave e a questão de investigação também foram aqui apresentados. O segundo capítulo responde à quarta questão de investigação através de uma análise exaustiva da literatura sobre a adoção de aparelhos eléctricos energeticamente eficientes por parte dos agregados familiares e das lições aprendidas noutros países. Também explica o enquadramento teórico.

O capítulo três apresenta a metodologia de investigação. O processo de investigação foi aqui explicado, bem como o método de análise dos dados.

O capítulo quatro apresenta a implementação de políticas e práticas de eficiência energética pela Nigéria desde o ano 2008 até à data. Detalha o processo de implementação e os resultados obtidos.

O capítulo cinco centra-se na avaliação das políticas e práticas de eficiência energética utilizando questionários do GAT. Foram realizadas dez entrevistas semi-estruturadas e as variações de opiniões dos peritos foram analisadas utilizando a estrutura do GAT. Finalmente, é apresentado o resultado do cartão de pontuação da aplicação do GAT ao estudo de caso.

No sexto capítulo, foram tiradas conclusões e formuladas recomendações para a elaboração de políticas, respondendo à principal questão de investigação e às subquestões de investigação.

Capítulo 5

4: Implementação da política de eficiência energética dos agregados familiares na Nigéria
Neste capítulo é apresentada uma panorâmica das políticas governamentais nacionais relativas à eficiência energética nos agregados familiares. É dada especial atenção à implementação das políticas.

4.1 Política de eficiência energética dos agregados familiares

A Comissão de Energia da Nigéria declarou na sua Política Nacional de Energia (ECN, 2003) as políticas de eficiência e conservação de energia: (i) a conservação de energia deve ser promovida a todos os níveis de exploração dos recursos energéticos do país (ii) o governo nacional deve promover o desenvolvimento e a adoção de métodos de eficiência energética na utilização de energia. No entanto, a Política Energética Nacional está atualmente a ser revista. As políticas de eficiência energética recentemente propostas para os agregados familiares são as seguintes (i) o governo nacional deve promover a utilização de tecnologias eficientes do ponto de vista energético e amigas do ambiente, (ii) o governo nacional deve promover normas de eficiência energética para sistemas de aquecimento e ar condicionado, aparelhos e outras cargas de conexão, tais como iluminação e eletrónica de consumo (ECN, 2013).

As estratégias a curto prazo propostas para a aplicação das políticas são as seguintes

> Promover a utilização de fogões domésticos energeticamente eficientes,
> Conceção, promoção e aplicação de normas mínimas de desempenho energético (MPE) e rotulagem obrigatória dos aparelhos domésticos que consomem energia,
> Sensibilização para os custos/benefícios da eficiência energética nas habitações,
> Criação de projectos de demonstração para incentivar o investimento em medidas de eficiência energética;
> Incentivar a adoção generalizada de lâmpadas economizadoras de energia, como os díodos emissores de luz (LED) e as lâmpadas fluorescentes compactas (CFL), e a eliminação progressiva das lâmpadas ineficientes (lâmpadas incandescentes),
> Incentivar uma mudança para serviços energéticos modernos e electrodomésticos mais eficientes do ponto de vista energético através de regimes de eficiência energética na utilização final dos serviços de utilidade pública, tais como as técnicas de gestão da procura (DSM) e
> Seguir atentamente as tendências das mudanças tecnológicas nos aparelhos domésticos de energia para tirar partido das tecnologias emergentes de eficiência energética e de energias renováveis (como os aquecedores solares de água, a energia solar fotovoltaica, etc.) (ECN, 2013).

As medidas de médio prazo incluem a revisão, melhoria e continuação das estratégias de curto prazo; a incorporação de normas de eficiência energética no Código Nacional de Construção e o estabelecimento de um quadro para a promoção e adoção de contadores inteligentes ou contadores "Pay As You Consume" (PAYC) em todos os agregados familiares até 2025, enquanto as medidas de longo prazo são a revisão, melhoria e continuação das estratégias de médio prazo e a obtenção, até 2030, do acesso universal a fogões de cozinha seguros, limpos, acessíveis, eficientes e sustentáveis / mudança de combustível para GPL em todos os agregados familiares (ECN, 2013).

4.2 Projeto governamental de lâmpadas fluorescentes compactas da ECN-COWAS-CUBAN

A Comunidade Económica dos Estados da África Ocidental (CEDEAO) e o Ministério da Indústria Básica (MINBAS) da República de Cuba, em colaboração com a Comissão de Energia da Nigéria (ECN), iniciaram a implementação do programa de eficiência energética para a substituição de lâmpadas incandescentes por lâmpadas fluorescentes compactas (CFL) em 2008.

Os principais objectivos do programa eram (e são):

> Examinar o impacto da substituição das lâmpadas incandescentes por lâmpadas fluorescentes compactas na rede eléctrica nacional e nas facturas de eletricidade dos consumidores,
> O potencial de mercado das lâmpadas fluorescentes compactas, a maior aceitação das lâmpadas fluorescentes compactas pelos consumidores e
> Reforço da capacidade de integração de dispositivos energeticamente eficientes no sector residencial (ECN, 2010).

Outros objectivos do programa são:

> Sensibilização para as vantagens, o desempenho e a capacidade das lâmpadas fluorescentes compactas em relação às lâmpadas incandescentes;
> Promoção da eficiência e conservação da energia na utilização final;
> Determinação das caraterísticas da iluminação doméstica na Nigéria;
> Determinação das oportunidades aproximadas de readaptação de lâmpadas fluorescentes compactas existentes na Nigéria;

> Lançamento de um projeto-piloto para demonstrar os benefícios da substituição das lâmpadas incandescentes por lâmpadas fluorescentes compactas para a economia do país,
> Determinação do nível de disponibilidade e capacidade dos consumidores de eletricidade para comprarem lâmpadas fluorescentes compactas e
> Estabelecimento de um método de distribuição de lâmpadas fluorescentes compactas bem estruturado e de baixo custo na Nigéria (ECN, 2010).

4.2.1 Partes interessadas envolvidas na implementação do programa

A implementação do programa nacional de eficiência energética envolve um vasto conjunto de partes interessadas da sociedade. Estes são a Comissão de Energia da Nigéria, a Comissão da CEDEAO e a Embaixada de Cuba na Nigéria, que funcionam como comité diretor do projeto, enquanto o comité técnico é composto por membros do comité diretor, da Power Holding Company of Nigeria (PHCN), do Conselho de Proteção do Consumidor (CPC), da Comissão Reguladora da Eletricidade da Nigéria (NERC), da Agência de Eletrificação Rural (REA), da Osram Nigeria Limited e do ECOBANK Nigeria Limited. A equipa de execução do programa era composta por pessoal técnico da ECN.

4.2.2 Resultados da implementação do programa

O programa também envolveu um inquérito casa a casa, que abrangeu 29 bairros em Abuja. Foram realizados pela equipa de execução do programa. No total, foram inquiridas 24 057 casas e o resultado do inquérito mostra que 55% da iluminação utilizada era constituída por lâmpadas incandescentes, 18% por lâmpadas fluorescentes e 27% por outros tipos diferentes de acessórios de iluminação (ECN, 2010). [rd]A substituição gratuita de lâmpadas incandescentes por lâmpadas fluorescentes compactas começou em Abuja a 23 de maio de 2009, tendo-se estendido posteriormente a outras partes do país, como instituições académicas, centros de investigação e várias capitais de estado (ECN, 2010). O acompanhamento e a avaliação do projeto tiveram início três meses após o exercício de substituição. O objetivo era avaliar a quantidade de energia poupada em resultado da substituição, avaliar o desempenho das lâmpadas fluorescentes compactas e o nível de aceitação do projeto pelo público. Os residentes que utilizam contadores pré-pagos testemunharam o facto de terem pago menos pela eletricidade após a aplicação da política (incentivo). Nas zonas 1 e 2 de Katampe, onde foi instalado um contador central, registou-se uma redução da procura de 143 928 KWh/mês para 102 224 KWh/mês. Isto indica uma poupança média mensal de 41.704 KWh ou 29% do consumo total (ECN, 2010). Os resultados do exercício de avaliação de algumas das propriedades são apresentados na Tabela 4.1.

Consumo médio mensal de energia (kWh/mês)								
Património	Antes de Substituição		Média	Após a substituição			Média	Poupança média alcançada	% de poupança média
	abril	maio		junho	julho	agosto			
Katampe 1 e 2	144,360	143,496	143,928	103,704	103,104	99,864	102,224	41,704	29%
CBN 1	230,010	251,863	240,937	0	206,213	199,686	202,950	37,987	16%

CBN 2	125,952	125,952	125,952	0	122,624	92,885	107,755	18,197	14%
CBN Utako	108,207	115,500	111,854	0	90,145	90,145	90,145	21,709	19%

Tabela 4.1: Faturação média mensal em algumas propriedades antes e depois da substituição (Fonte: ECN, 2010)

Teoricamente, espera-se o seguinte impacto da substituição de um milhão de lâmpadas incandescentes por uma quantidade equivalente de lâmpadas fluorescentes compactas. Uma área residencial típica na Nigéria teria uma mistura de lâmpadas incandescentes de 100, 60, 40 e 20 watts (ECN, 2010). Com base no resultado das 26 propriedades inquiridas, a composição da potência das lâmpadas incandescentes no sector residencial na Nigéria é a seguinte 80% são de 60W, 10% são de 40W e 5% cada para 100W e 20W (ECN, 2010). As LFC equivalentes utilizadas para substituição são 18, 14, 8 e 5 watts para lâmpadas incandescentes de 100, 60, 40 e 20 watts, respetivamente.

Para calcular a potência e a energia antes e depois da substituição, foi assumido um fator de utilização de 33% devido às frequentes falhas de energia que ocorrem atualmente na Nigéria (ECN, 2010).

Número total de lâmpadas de 60 Watts (80% de 1.000.000) = 800.000

Procura de energia por lâmpadas incandescentes de 60W = 800.000 x 60W x 0,33 = 15,84MW

A substituição das lâmpadas incandescentes por 800 000 lâmpadas fluorescentes compactas de 14W cada uma resultará em

Procura de energia por lâmpadas CFL de 14W = 800.000 x 14W x 0,33 = 3,696MW.

A diferença na procura de energia = (15,84 - 3,696) MW = 12,144MW.

Para calcular o consumo médio mensal, foram considerados 30 dias e 7,2 horas de utilização.

Consumo médio mensal de eletricidade antes da substituição = 15,84MW x 7,2h x 30 = 3421,44MWh

Além disso, o consumo médio mensal de eletricidade após a substituição = 3,696MW x 7,2h x 30 = 798,36MWh

Assim, a poupança média mensal de eletricidade = (3421,44 - 798,36) MWh = 2623,104MWh/mês.

O mesmo cálculo é efectuado para outras potências - 100W versus 18W, 40W versus 8W e 20W versus 5W e os resultados são os apresentados na Tabela 4.2.

Inca descendência (W)	Lâmpadas fluorescentes compactas (W)	Quantida de Isso será alterado	Utilização fator	Horas de utilizaçã ão	Procura Antes (kW)	Procura Depois (kW)	Consumo B4 (kWh/M)	Consumo após (kWh/M)	Energia poupada (kWh/M)
60	14	800,000	0.33	7.2	15840	3696	3421440	798336	2623104
40	8	100,000	0.33	7.2	1320	1056	285120	57024	228096
100	18	50,000	0.33	7.2	1650	297	356400	64152	292248

20	5	50,000	0.33	7.2	330	82.6	71280	17841.6	53438.4
Total		1,000,000			19140	4339.5	4134240	937353.6	3196886.4

Tabela 4.2: Poupanças de energia de 1,0 milhão de lâmpadas fluorescentes compactas   (Fonte: ECN, 2010)

4.2.3 Poupança de custos

Energia poupada com a mudança (kWh/mês) = 3.196.886,4kWh/mês

Foi utilizada a tarifa de eletricidade de N6/kWh no sector residencial.

Montante de dinheiro poupado/mês = 3.196.886,4kWh x N6/kWh = N19, 181.318,4

Poupança de combustível

Energia poupada com a mudança (KWh/mês).	3,196,886.4	KWh
Valor KWh (Naira)	6	N/KWh
Dinheiro poupado mensalmente	19,181,318.4	Naira
Valor das lâmpadas CFL	1,498,119	USD
Parâmetros-chave para a poupança de combustível		
1 USD =	150	Naira
1 tonelada de petróleo bruto combustível =	7.5	Barril
Preço do barril de gasolina =	80	USD / Barril
Custo do combustível poupado = CC* IC* KWh		
Onde: CC = Custo da tonelada de gasolina	600	USD / Tonelada

CC = Custo da tonelada de gasolina	90,000	Naira / Tonelada
IC = Índice de consumo de combustível das centrais eléctricas	285	g / KWh
KWh = Energia poupada com a alteração (KWh) por mês	3,200,861	KWh
Dinheiro poupado x Energia poupada	84,770,395	Naira / mês
	718,393.2	USD / mês
Tempo de recuperação do investimento	2.81	Meses

Tabela 4.3: Parâmetros-chave para a poupança de combustível através do projeto (Fonte: ECN, 2010)

Do Quadro 4.3,

1 USD = N150

Preço do barril de petróleo bruto = 80 USD/barril e 1 tonelada de petróleo bruto = 7,5 barris.

Por conseguinte,

Custo do barril de petróleo bruto (CC) = 150 x 7,5 x 80 = N90 000/tonelada de petróleo bruto

Assumindo que o índice de consumo de combustível das centrais eléctricas (IC) = 285g/kWh

Como 1.000kg = 1 tonelada, então 1.000.000g = 1 tonelada

$$Monthly\ Fuel\ Saved\ (ton) = \frac{Monthly\ energy\ saved \times IC}{1{,}000{,}000}$$

$$= \frac{3{,}196{,}886.4\ kWh \times 285g\ /kWh}{1{,}000{,}000}$$

$$= 911.1\ ton/month$$

Mas, Custo do combustível mensal poupado = CC x IC x Energia mensal poupada (kWh)

Em que CC = N90 000/tonelada de gasolina

Então, o custo do combustível poupado = N90.000/tonelada de gasolina x 991,1 toneladas/mês = N81.999.000,00

1.1.4 Período de recuperação de custos

As despesas estimadas para o programa são as indicadas no Quadro 4.4

S/N	Item	Custo	
		US$	Naira (N)
1.	Custo de 1 milhão de lâmpadas fluorescentes compactas	1,498,119	224,717,850.00
2.	Inquéritos pontuais		3,000,000.00

3.	Expedição e seguro		10,560,589.50
4.	Desobstrução e transporte		12,500,000.00
5.	Publicidade / Sensibilização		2,500,000.00
6.	Distribuição / Instalações		5,000,000.00
7.	Despesas com o perito cubano	150,000.00	22,500,000.00
8.	Controlo e avaliação		3,000,000.00
	Despesas totais		283,778,440.00

Tabela 4.4: Despesas estimadas para o projeto de 1 milhão de lâmpadas fluorescentes compactas (Fonte: ECN, 2010)

$$\text{Recuperação de custos} = \frac{Total\ Expenditure}{Total\ Savings}$$

Sendo que, Total das despesas = 283.778.440,00

Poupança estimada/mês = Montante de dinheiro poupado por mês mais o custo do combustível mensal poupado.

Poupança mensal total = N19, 181,318.4 + N81, 999,000.00 = N101, 180,318.4

$$\text{Por conseguinte, o período de recuperação de custos} = \frac{N283,778,440}{N101,180,318.4} = 2.81\ Months$$

Se a substituição de 1 milhão de lâmpadas incandescentes por lâmpadas fluorescentes compactas pode resultar numa poupança mensal de até N19 181 318,4, então a substituição de 240 milhões de lâmpadas incandescentes na Nigéria (PNUD, 2012) por lâmpadas eficientes como as LED e as lâmpadas fluorescentes compactas reduziria teoricamente a procura de forma drástica e teria um impacto na economia do país em termos da percentagem de energia poupada em Naira.

4.3 Programa de Eficiência Energética do PNUD-GEF

O Fundo Mundial para o Ambiente (GEF), no âmbito do programa estratégico 1 do GEF-4 - "Promoção da Eficiência Energética em Edifícios Residenciais e Comerciais", aprovou uma subvenção total de 3 milhões de dólares para a Nigéria implementar o programa "Promoção da Eficiência Energética no Setor Residencial e Público na Nigéria". O projeto está a ser implementado pelo escritório nacional do Programa das Nações Unidas para o Desenvolvimento (PNUD) na Nigéria, em colaboração com o Ministério Federal do Ambiente (FME), a Comissão de Energia da Nigéria (ECN) e o Centro Nacional para a Eficiência e Conservação Energética (NCEEC) (PNUD, 2013).

O principal objetivo do projeto de eficiência energética do GEF é melhorar a eficiência energética de uma série de aparelhos eléctricos de utilização final (frigoríficos, aparelhos de ar condicionado, iluminação, aquecimento, etc.) utilizados em edifícios residenciais e públicos na Nigéria através da introdução de políticas de eficiência energética adequadas, tais como MEPS, normas e rótulos e programas de gestão do lado da procura. Outros objectivos do projeto incluem o reforço do quadro regulamentar e institucional, o desenvolvimento de mecanismos de monitorização e execução, a formação de profissionais no que respeita à utilização de equipamento de eficiência energética e a sensibilização para a promoção da eficiência energética na Nigéria. Para o efeito, foram organizados vários workshops para diferentes categorias de participantes, incluindo os meios de comunicação social, o pessoal da Agência Nacional de Orientação, institutos académicos e representantes da Associação de Proprietários de Hotéis. Também para recolher dados de base que ajudarão a estabelecer MEPS para a iluminação, os aparelhos de ar condicionado e os frigoríficos, foi realizado um estudo de medição da utilização final nas seis zonas geopolíticas da Nigéria.

O objetivo do estudo de medição era monitorizar os consumos domésticos de eletricidade para iluminação, frigoríficos e aparelhos de ar condicionado em 230 agregados familiares. 210 agregados familiares foram monitorizados diariamente durante um mês. Os aparelhos eléctricos foram monitorizados num intervalo de tempo de 10 minutos e foram realizadas seis sessões de 35 agregados familiares nas seis zonas geopolíticas diferentes da Nigéria. Os restantes 20 agregados familiares estão atualmente a ser monitorizados durante um ano para verificar a variação sazonal do consumo de aparelhos. Os parceiros operacionais envolvidos neste estudo são o PNUD, GEF, ENERTECH, ECN e NCEEC.

Foram recolhidos os seguintes dados estatísticos:

1. Distribuição do acesso à eletricidade e da falta de eletricidade para os agregados familiares

O fornecimento de eletricidade na Nigéria não é estável. Este fornecimento instável de eletricidade varia em todo o país. O sistema multivias utilizado para o estudo dos contadores registava a tensão média a cada dez minutos e, por conseguinte, era capaz de detetar o período com ou sem fornecimento de eletricidade. Se a tensão for maior que zero, indica o período de acesso à eletricidade e se a tensão for igual a zero, indica o período de falta de eletricidade. A figura 4.1 mostra-nos a parte do acesso à eletricidade e da falta de eletricidade durante o estudo de contagem. Este gráfico foi feito utilizando os dados de 210 agregados familiares medidos nas seis cidades da Nigéria. Os agregados familiares recebem 13 horas de eletricidade por dia, a duração média dos cortes de energia é de 4 horas por ciclo de corte de energia e a duração média entre dois cortes de energia por agregado familiar é de 4,5 horas, o que se traduz num total de 55% de acesso à energia e 45% de cortes de energia (PNUD, 2013).

REDE ELÉCTRICA ■ NIGÉRIA

Distribuição do acesso à eletricidade e da falta de eletricidade para os agregados familiares

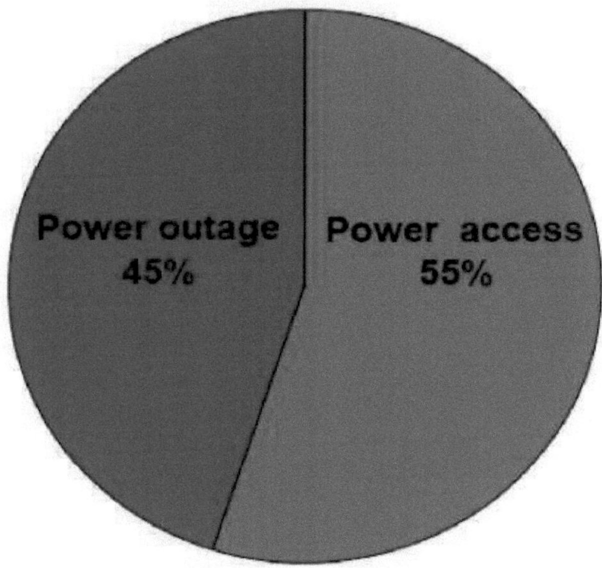

Figura 4.1: Distribuição do acesso à eletricidade e do corte de energia nos agregados familiares na Nigéria (Fonte: PNUD, 2013).

A distribuição do acesso à eletricidade e do corte de energia para cada cidade medida nas seis áreas geopolíticas da Nigéria é apresentada na figura 4.2.

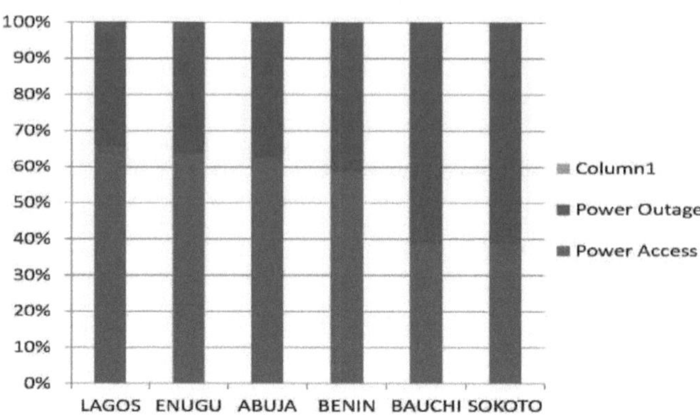

Figura 4.2: Distribuição do acesso à eletricidade e do corte de energia nas seis zonas geopolíticas (Fonte: PNUD, 2013)

O resumo do resultado do acesso à energia e da falta de energia é apresentado na Tabela 4.5

		NIGÉRIA	Abuja	Sokoto	Benim	Bauchi	Lagos	Enugu
Parte do acesso à energia		55%	63%	39%	59%	39%	66%	64%
Tensão média durante o acesso à alimentação	Média	204V	206V	203V	172V	203V	212V	202V
	Mínimo	172V	178V	172 V	162V	186V	183V	174 V
	Máximo	242V	225V	230V	242V	240V	228V	226V
Número de horas que os agregados familiares recebem eletricidade por dia	Média	13h/dia	15h/dia	9,5h/dia	14h/dia	9,5h/dia	16h/dia	15h/dia
	Mínimo	2,5h/dia	5,5h/dia	2,5h/dia	9,5h/dia	3,5h/dia	9h/dia	9h/dia
	Máximo	24h/dia	21h/dia	16h/dia	23h/dia	14h/dia	24h/dia	21h/dia

	Média	4h	3h	5h	4h	5h	4h	3h
Duração média do corte de energia	Mínimo	0h	1h	2h	1h	2h	0h	1h
	Máximo	15h	7h	10h	9h	12h	15h	8h
	Média	4,5h	5h	3h	6h	3h	6h	5h
Duração média do acesso à energia, entre dois cortes de energia	Mínimo	2h	2h	2h	2h	2h	3h	3h
	Máximo	13h	13h	5h	11h	5h	12h	8h

Quadro 4.5: Resumo dos diferentes resultados relativos ao acesso à eletricidade (Fonte: PNUD, 2013)

2. Distribuição dos aparelhos de frio na Nigéria

Os consumos dos aparelhos de frio foram monitorizados com recurso a um Wattímetro de série. Além disso, os técnicos registaram as diferentes categorias de aparelhos de frio. A figura 4.3 mostra o número médio de aparelhos de frio por agregado familiar na Nigéria.

Número médio de aparelhos de frio por agregado familiar

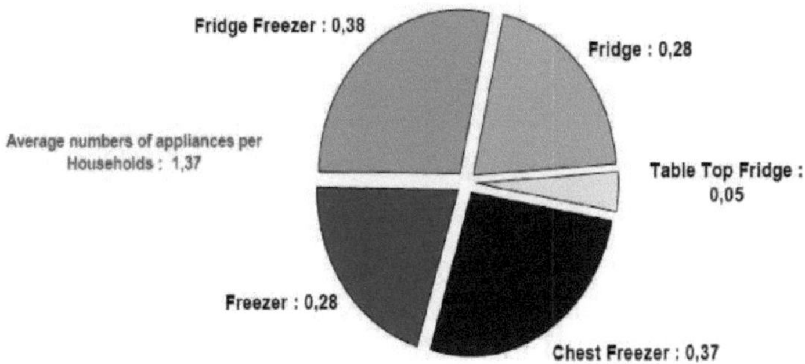

Figura 4.3: Número médio de aparelhos de frio por agregado familiar na Nigéria (Fonte: PNUD, 2013)

3. Consumo de energia

		NIGÉRIA	Abuja	Sokoto	Benim	Bauchi	Lagos	Enugu
Anualizado consumo	Média	3710kWh/ano	5175kWh/ano	3000kWh.'y	3090kWh/ano	2124kWh/ano	5544kWh.'y	3330kWh/ano
	Mínimo	243kWh/ano	754 5kWh/ano?	243kWh/ano	878kWtVy	492kWh/ano	1076kWh/ano	521kWh/ano
	Máximo	24098kWhf/y	13089kWh/ano	8367kWh/ano	7016kWh/ano	5241kWh/ano	24098kWh/ano	8558kWh/ano
Procura média diária de energia durante o acesso à energia		790W	1065W	856W	59BW	752W	889W	583W
Chamada de carga média durante todo o período		414W	505W	335W	243W	353W	606W	350W
Contribuição relativa das diferentes cargas para o consumo global	AC	17%	25%	19%	10%	8%	12%	24%
	Aparelhos de frio	21%	21%	21%	29%	20%	20%	18%
	Audiovisual	3%	0%	0%	0%	5%	4%	4%
	Computador	0%	0%	0%	0%	0%	0%	0%
	Cozinhar	0%	0%	0%	1%	0%	1%	0%
	Luz	11%	11%	17%	12%	13%	8%	10%
	Não sei	47%	42%	42%	42%	54%	55%	44%

Tabela 4.6: Tabela de resumo mostrando o consumo principal e a contribuição de diferentes cargas (Fonte: PNUD, 2013)

O consumo anual de aparelhos de ar condicionado varia entre 0kWh/ano e 3.400kWh/ano, com um valor médio

de 828kWh/ano. Os únicos dados disponíveis para comparação são os da campanha de monitorização da Guiana Francesa de junho de 1998, com um valor médio de 2.314 kWh/ano[1] (PNUD, 2013).
O quadro 4.7 mostra o consumo anual de todos os aparelhos de frio e o consumo das diferentes categorias de aparelhos de frio

	TudoFrio Electrodomésticos	Frigoríficos	Congeladores	Frigorífico Congeladores	Tórax Congelador
MédiaAnual Consumo kWh/ano	524	425	635	496	572
Taxa de funcionamento Durante a alimentação Acesso	78%	73%	78%	82%	79%

Tabela 4.7: Resumo do consumo de aparelhos de frio (Fonte: PNUD, 2013)
A figura 4.4 compara o consumo de diferentes categorias de aparelhos de frio com o de outros países.

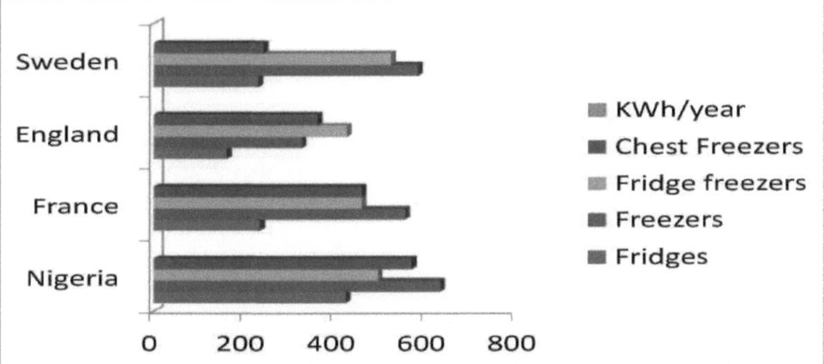

Figura 4.4: Comparação do consumo de aparelhos de frio na Nigéria com outros países (Fonte: PNUD, 2013)
[1] É de notar que a rede eléctrica da Guiana é constante
O consumo anual de iluminação por agregado familiar na Nigéria varia entre 25 e 3.500 kWh/ano, com uma média de 454 kWh/ano, em comparação com 354 kWh/ano em França e 537 kWh/ano em Inglaterra (PNUD, 2013).
O estudo permitiu tirar as seguintes conclusões: "Os períodos de corte de energia têm uma grande influência na forma como os aparelhos funcionam e, por conseguinte, no consumo anual; os períodos de corte de energia impedem o cálculo exato das poupanças anuais por aparelho; o rácio entre os aparelhos frios que consomem menos e mais eletricidade é sempre superior a 10 e indica a ineficiência em termos de consumo de energia; a Nigéria tem uma taxa muito elevada de lâmpadas de baixo consumo para os agregados familiares, indicada por 56% de CFL instaladas. Será possível diminuir ainda mais o consumo de iluminação substituindo os 41% de lâmpadas incandescentes por lâmpadas de alta eficiência" (PNUD, 2013).

4.4 Conclusão

Os resultados dos estudos apresentados neste capítulo e a implementação da política de eficiência energética doméstica na Nigéria mostraram que a adoção de aparelhos eléctricos domésticos energeticamente eficientes tem um grande potencial para reduzir o consumo de energia eléctrica na Nigéria e, por conseguinte, minimizar a necessidade de construir mais centrais eléctricas. Além disso, isto tem a vantagem de reduzir uma grande quantidade de emissões de dióxido de carbono.

Capítulo 5

5: Resultados e discussões
     5.1   Resultados
O questionário utilizado para a entrevista e as dez respostas das entrevistas semi-estruturadas constam dos anexos A e B.
     5.1.2 Resultados por pergunta
Q1.

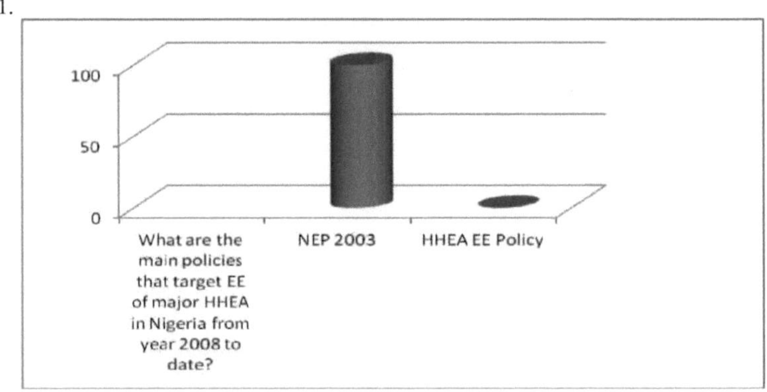

Figura 5.1 Principais políticas que visam a EE de HHEA na Nigéria

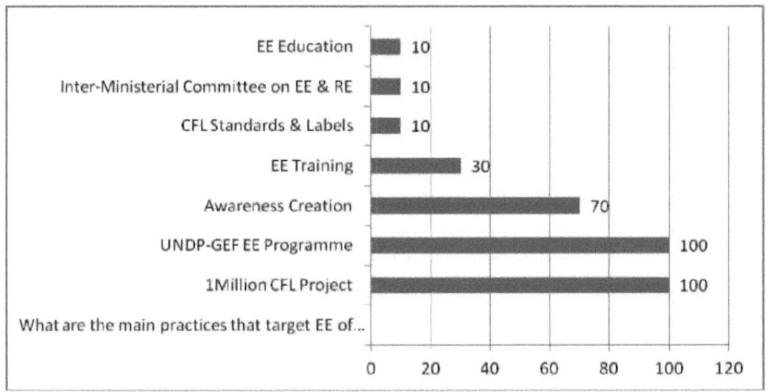

Figura 5.2 Principais práticas que visam a EE da HHEA na Nigéria
Q2.

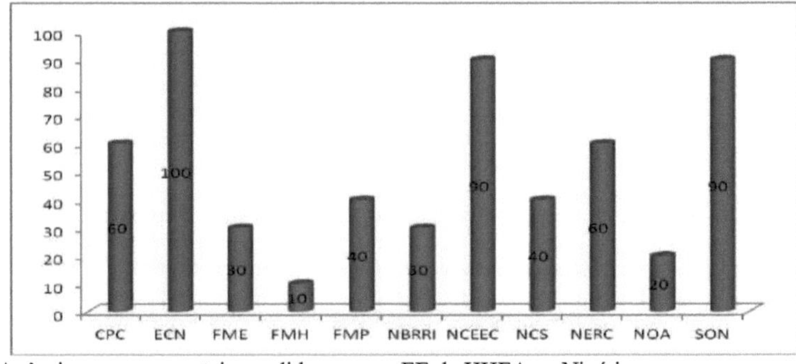

Figura 5.3 Agências governamentais que lidam com a EE da HHEA na Nigéria

Q3

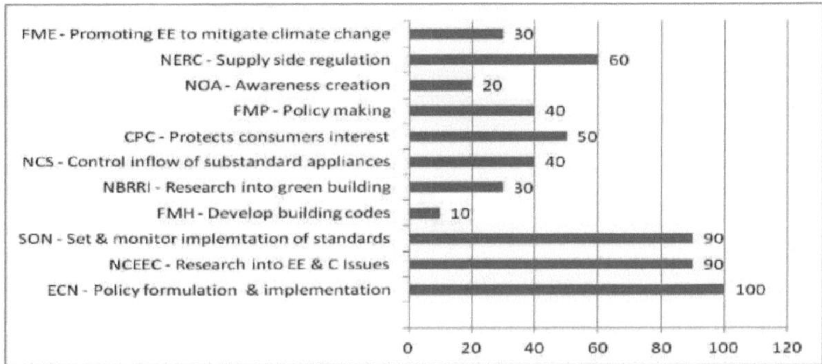

Figura 5.4 Como é que as agências governamentais estão envolvidas na EE da HHEA na Nigéria

Q4

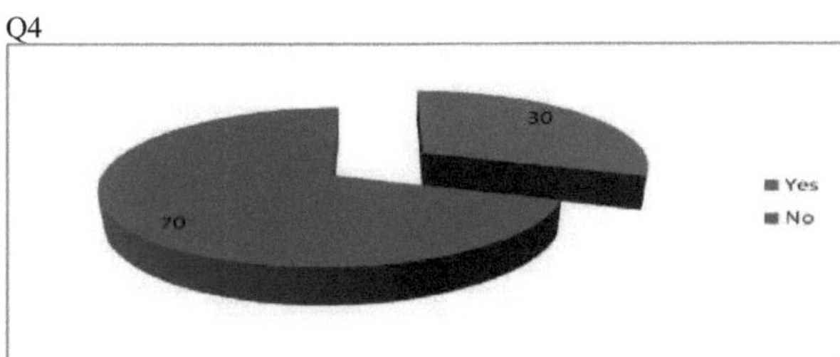

Figura 5.5 Há agências importantes em falta

Q5

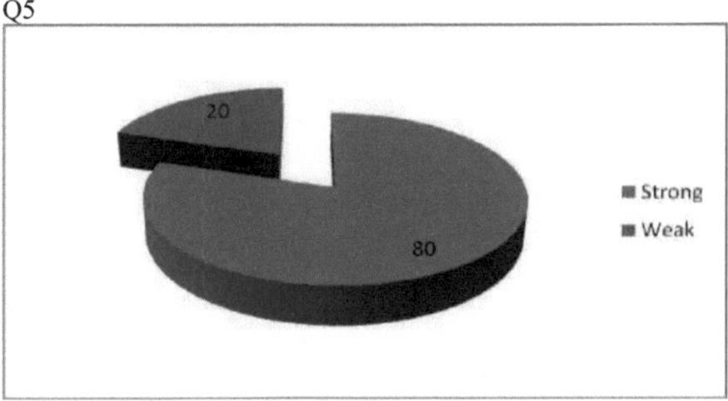

Figura 5.6 Nível de cooperação entre as agências

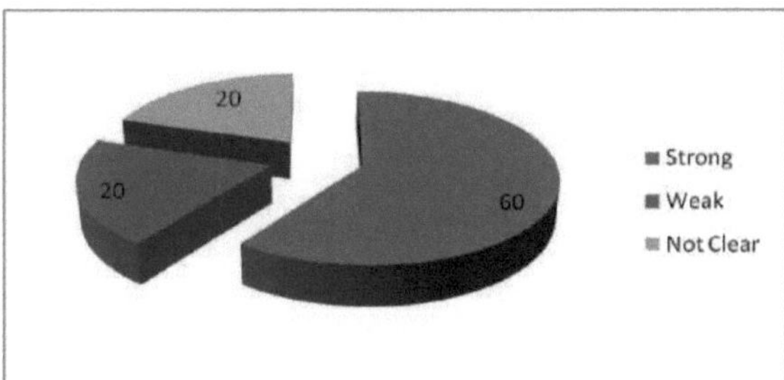

Figura 5.7 Nível de confiança entre as agências

Q6

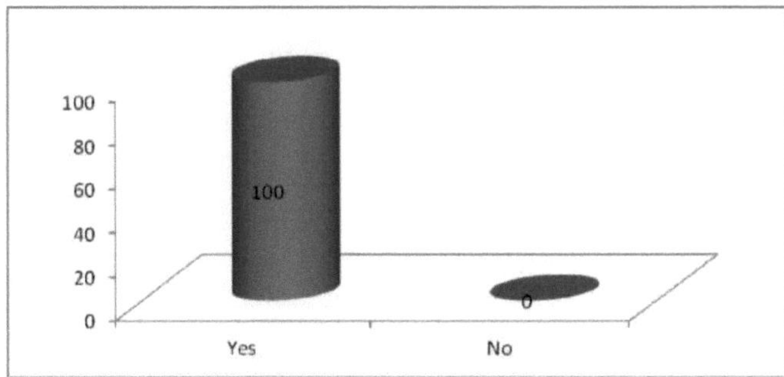

Figura 5.8 Há um forte impacto de certas agências?

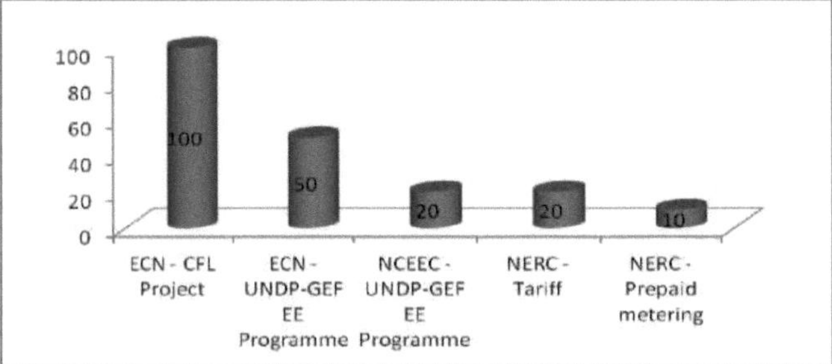

Figura 5.9 Explicação do impacto das agências
Q7
As respostas foram as mesmas para as perguntas 2 e 3

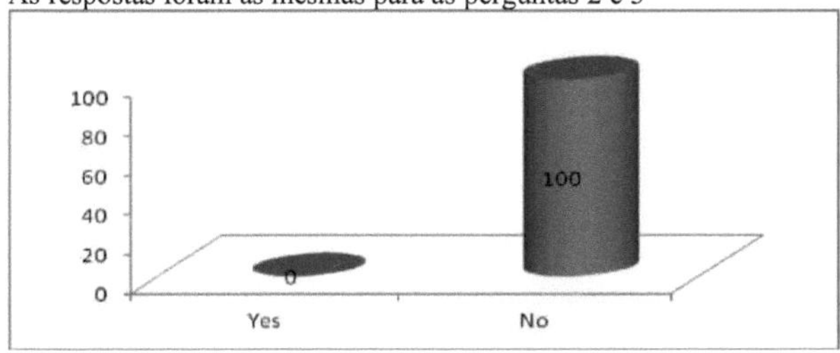

Q8
Figura 5.10 Há partes interessadas excluídas da aplicação das políticas?
Q9

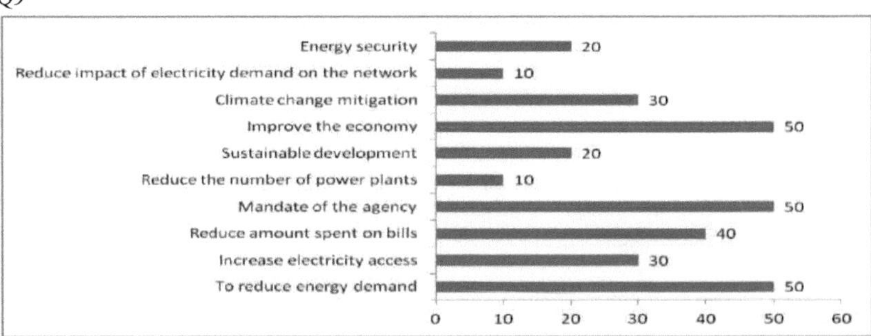

Figura 5.11 Motivação de cada agência para abordar a EE da HHEA na Nigéria

Q10

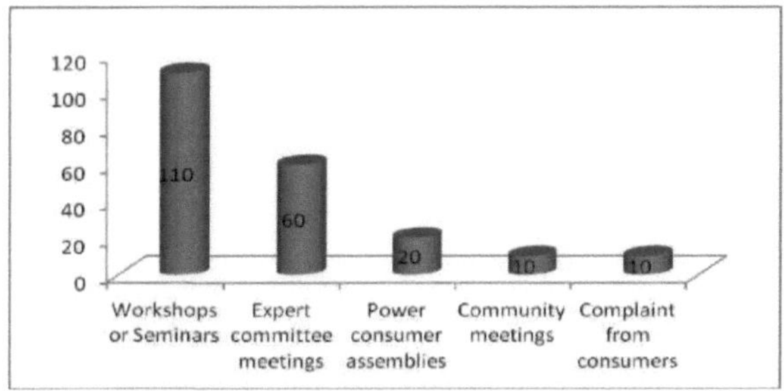

Figura 5.12 Como estão organizadas as interações com outras partes interessadas?

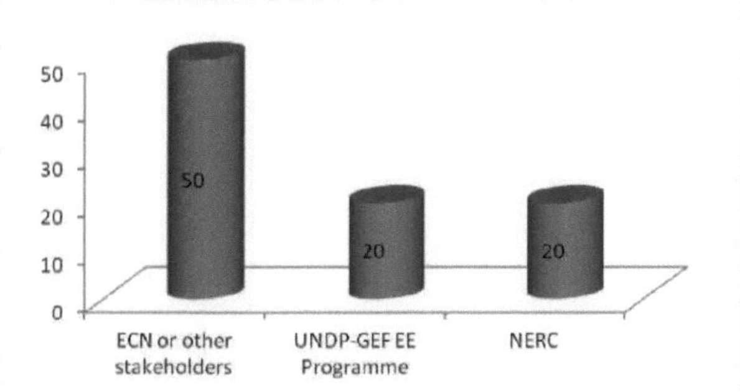

Figura 5.13 Origem das interações com outras partes interessadas
Q11

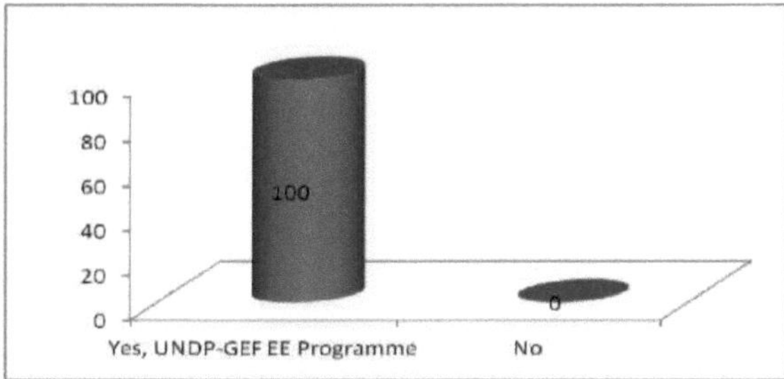

Figura 5.14 Existe um forte impacto de um ator ou de uma coligação de actores?
Q12

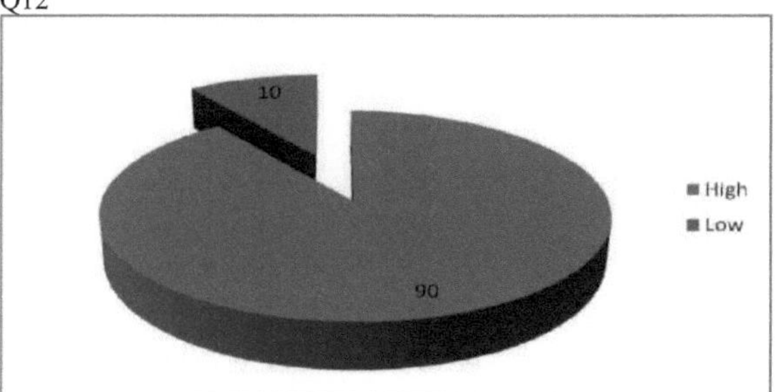

Figura 5.15 Em que medida as várias perspectivas do problema estão a ser abordadas
Q13

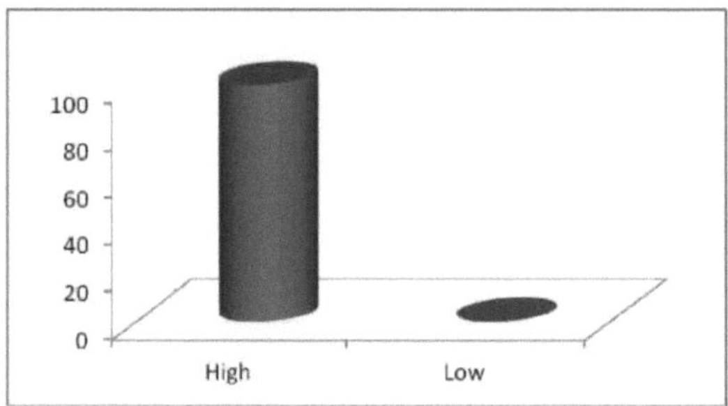

Figura 5.16 O grau de alinhamento dos vários objectivos de cada agência de execução
Q14

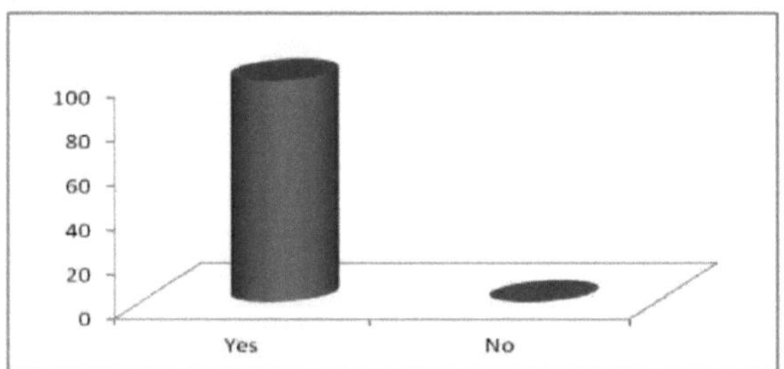

Figura 5.17 As ambições políticas diferem do status quo / business as usual?
Q15

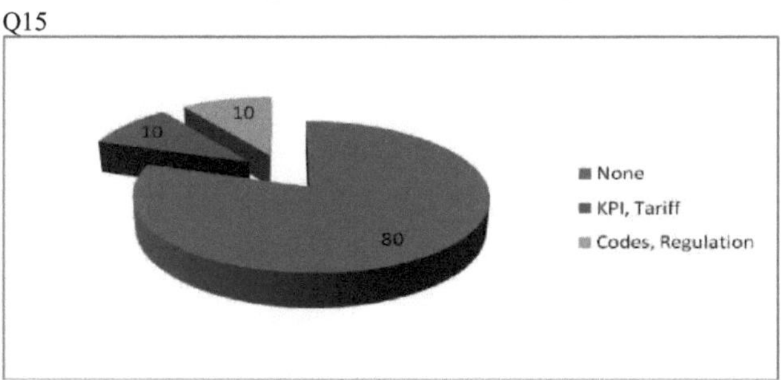

Figura 5.18 Tipos de instrumentos políticos incluídos na estratégia política
Q16

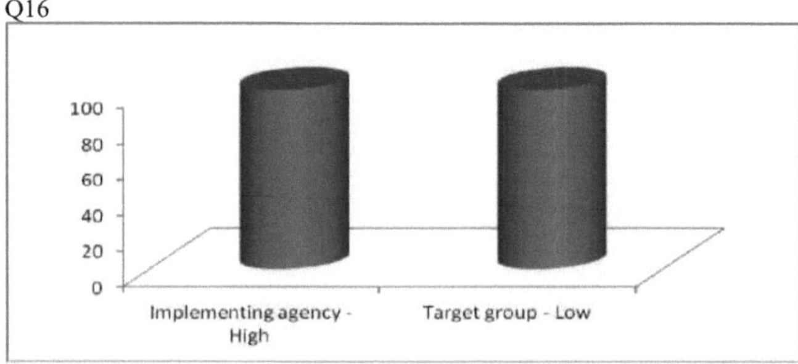

Figura 5.19 Nível de informação da agência de execução e do grupo-alvo sobre os instrumentos e o(s) seu(s) objetivo(s)
Q17

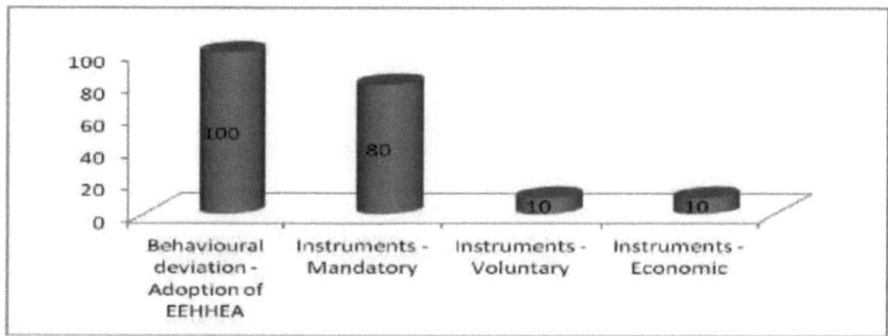

Figura 5.20 Desvio comportamental implícito do grupo-alvo em relação às práticas actuais e força dos instrumentos necessários para o fazer cumprir
Q18

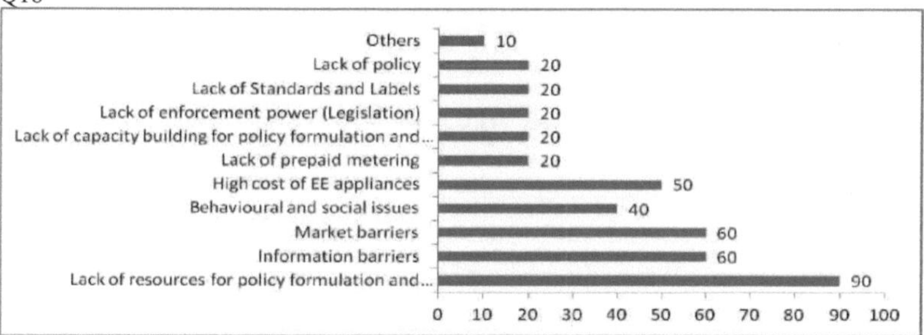

Figura 5.21 Desafios enfrentados na implementação da política de EE para os principais HHEA na Nigéria
Q19

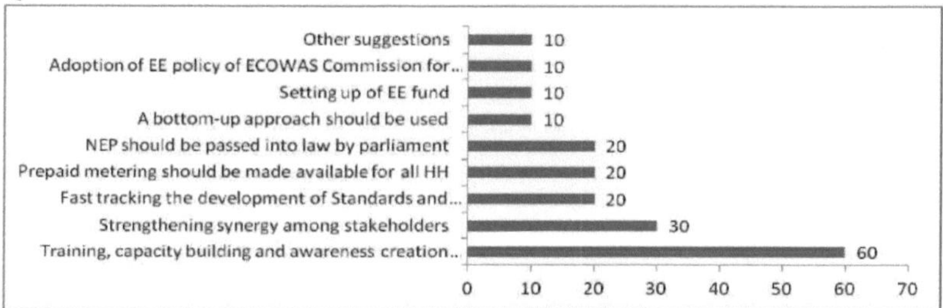

Figura 5.22 Recomendações para uma formulação e aplicação eficazes das políticas.

5.2 Discussões

5.2.1 Política e práticas de eficiência energética na Nigéria

A Política Nacional de Energia da Nigéria (ECN, 2003) tem uma declaração geral que apoia a promoção da conservação de energia na exploração dos recursos naturais da nação e a promoção e adoção de métodos de eficiência energética na utilização de energia. No entanto, o documento de política não se refere especificamente aos aparelhos eléctricos domésticos. O resultado da entrevista da Figura 5.1 mostra que todos os peritos entrevistados concluíram que não existe uma política sobre a eficiência energética dos aparelhos eléctricos domésticos na Nigéria. No entanto, a NEP (ECN, 2003) está atualmente a ser revista e foram desenvolvidas propostas de políticas.

No entanto, esses esforços estão ainda a ser preparados, uma vez que não se tornaram um documento político oficial da Nigéria.

De acordo com os peritos, as principais práticas que visam a eficiência energética dos aparelhos eléctricos domésticos desde 2008 até à data fazem parte do programa geral de sensibilização da ECN, que tem 70% de respostas, enquanto o projeto de 1 milhão de lâmpadas fluorescentes compactas e o programa de eficiência energética em curso do PNUD-GEF têm 100% de respostas. Não existe um programa nacional concreto conduzido exclusivamente por uma agência governamental na Nigéria, o que pode ser visto como uma falta de definição de prioridades políticas ou administrativas. O projeto de 1 milhão de lâmpadas fluorescentes compactas e o programa de eficiência energética do PNUD-GEF foram motivados e financiados principalmente por entidades exteriores à Nigéria.

5.2.2 Governação Multi-Agências

Na Nigéria, não há apenas uma agência governamental envolvida e a lidar com a eficiência energética dos principais aparelhos electrodomésticos, mas muitas agências governamentais à escala nacional. As agências focais envolvidas e que lidam com a eficiência energética dos principais aparelhos electrodomésticos na Nigéria são a ECN, a NCEEC e a SON. De acordo com as respostas dos peritos na Figura 5.3, todos os peritos concordam que a ECN está envolvida e a lidar com a eficiência energética dos principais aparelhos electrodomésticos na Nigéria, 90% dos inquiridos disseram que a NCEEC e a SON estão envolvidas, enquanto 60% dos inquiridos disseram que a CPC e a NERC estão envolvidas. Outras agências governamentais são FMP e NCS 40%, FME e NBRRI 30%, NOA 20%, e 10% para FMH. A partir da Figura 5.5, 70% dos inquiridos disseram que não há nenhuma agência em falta, enquanto 30% dos inquiridos concordaram que há agências governamentais em falta que não estão envolvidas na governação da eficiência energética dos principais aparelhos electrodomésticos na Nigéria. Se a Nigéria embarcar num programa concreto de eficiência energética em grande escala, por exemplo, o relatório do PNUA de 2012 afirma que existem cerca de 240 milhões de lâmpadas incandescentes na Nigéria. A substituição deste grande número de lâmpadas por lâmpadas eficientes resultará numa grande quantidade de resíduos electrónicos, pelo que a Agência Nacional de Execução das Normas e Regulamentação Ambientais (NESREA), que tem a responsabilidade de gerir estes resíduos, não está envolvida na eficiência energética dos principais aparelhos eléctricos domésticos na Nigéria. Um dos peritos afirmou ainda que o Instituto de Investigação Rodoviária e de Construção da Nigéria (NBRRI), responsável pelo desenvolvimento de edifícios ecológicos, não está envolvido na eficiência energética dos principais aparelhos eléctricos domésticos.

As várias agências governamentais envolvidas e que lidam com a eficiência energética dos aparelhos electrodomésticos na Nigéria têm um historial de trabalho conjunto que foi institucionalizado através de reuniões de trabalho e de comités de peritos. 80% dos inquiridos disseram que o nível de cooperação entre as agências governamentais é muito forte, enquanto 20% disseram que é fraco (Figura 5.6). Também 60% dos peritos disseram que o nível de confiança entre as agências é muito forte, 20% disseram que é fraco e 20% disseram que a questão da confiança não é clara (Figura 5.7). Os peritos que afirmaram que a questão da confiança é fraca argumentaram que há duplicação de esforços e o exemplo citado é a duplicação da NEP e do REMP pelo FMP e pelo FME sem consulta da ECN, mas um dos peritos disse que a questão não é a falta de confiança, mas a falta de orientação política do Governo da Nigéria, que leva ao desperdício de recursos nacionais.

O resultado das respostas das Figuras 5.8 e 5.9 mostra que a ECN criou um forte impacto nos comportamentos dos nigerianos relativamente à iluminação eficiente através da sua colaboração com a Comissão da CEDEAO, o governo cubano e o programa de eficiência energética do PNUD-GEF. Este facto é demonstrado pelo nível de penetração das lâmpadas fluorescentes compactas na Nigéria: É de 56% (PNUD, 2013).

5.2.3 Governação Multi-Ator

O resultado das respostas à pergunta 7 mostra que as partes interessadas envolvidas na governação da eficiência energética dos aparelhos electrodomésticos na Nigéria são as agências governamentais que tratam da eficiência energética na Nigéria. Todos os peritos concordaram que não falta nenhuma parte interessada (Figura 5.10), mas os grupos-alvo como os fabricantes, importadores, retalhistas e associações de agregados familiares e os próprios agregados familiares não estão envolvidos na governação.

As interações entre as partes interessadas são cordiais, mas é necessário reforçá-las para se obter uma maior eficácia no tratamento da eficiência energética dos aparelhos electrodomésticos na Nigéria, porque 30% dos peritos recomendaram que isso fosse feito para uma formulação e implementação eficazes das políticas (Figura 5.22). As interações são normalmente organizadas através de workshops ou seminários e reuniões de comités de peritos, que contaram com 110% e 60% de inquiridos, respetivamente (Figura 5.12), para abordar questões importantes. É desta forma que as agências governamentais cooperam e trabalham em conjunto na Nigéria. De acordo com a Figura 5.13, 50% dos inquiridos afirmaram que a ECN ou outras partes interessadas iniciam as interações, enquanto o programa de eficiência energética do PNUD-GEF e o NERC tiveram 20%, respetivamente.

A figura 5.14 mostra que o programa de eficiência energética do PNUD-GEF reuniu todas as partes interessadas, incluindo o sector privado e o meio académico, para abordar a questão da eficiência energética dos aparelhos eléctricos domésticos na Nigéria.

5.2.4 Governação multiperspectiva

As respostas da Figura 5.15 mostram que 90% dos inquiridos concordaram que as várias perspectivas problemáticas estão a ser abordadas uma após a outra, o que está a ser feito em grande parte pelo programa de eficiência energética do PNUD-GEF. Estão a ser desenvolvidas normas e rótulos, as normas relativas às lâmpadas fluorescentes compactas já estão operacionais, mas a penetração dos contadores pré-pagos é lenta, uma vez que só foi atingida uma penetração de 30%. Não há fundos para abordar a questão dos incentivos e o rendimento das famílias na Nigéria é baixo. A Agência Nacional de Orientação (NOA) foi incumbida da responsabilidade de sensibilizar o grupo-alvo.

Os vários objectivos de cada agência de implementação apoiam-se mutuamente, uma vez que não há rivalidade entre eles e os workshops e as reuniões do comité de peritos são plataformas para reavaliar os objectivos, o que é atestado pelo facto de todos os peritos concordarem que os vários objectivos de cada agência de implementação estão alinhados (Figura 5.16). O resultado da Figura 5.17 mostra que todos os inquiridos concordaram que a ambição política difere do status quo ou do business as usual, o que explica por que razão o programa de eficiência energética do PNUD-GEF está a promover uma abordagem ascendente na promoção da eficiência energética dos aparelhos eléctricos domésticos na Nigéria

5.2.5 Governação multi-instrumento

O resultado da Figura 5.18 mostra que 80% dos inquiridos concordaram que não existem instrumentos políticos, enquanto 10% afirmaram que o NERC utiliza o Índice de Desempenho Chave (KPI), Tarifas, Códigos e Regulamentos para abordar a eficiência energética do lado da oferta. A NEP 2003 não especificou qualquer instrumento político, mas a informação e a sensibilização foram utilizadas para promover a eficiência energética em geral. A troca gratuita de 1 milhão de lâmpadas CFL por lâmpadas incandescentes foi utilizada para promover a iluminação eficiente na Nigéria. O programa de eficiência energética do PNUD-GEF iniciou um estudo de medição e os resultados do estudo serão utilizados para estabelecer normas mínimas de desempenho energético (MEPS) e normas e rótulos para a iluminação, os aparelhos de ar condicionado e os frigoríficos. O plano de ação nacional de 2003, que está a ser revisto, propôs também uma série de instrumentos políticos para abordar a questão da eficiência energética dos aparelhos eléctricos domésticos na Nigéria.

A partir da Figura 5.20, todos os inquiridos concordaram que o desvio comportamental implícito em relação à prática atual é a adoção de aparelhos electrodomésticos energeticamente eficientes pelas famílias. No entanto, para atingir este objetivo, 80% dos peritos afirmaram que a Nigéria precisa de instrumentos obrigatórios em combinação com instrumentos económicos, mas que deve ser concedido um período de monitorização antes de aplicar os instrumentos obrigatórios, 10% afirmaram que a Nigéria deve recorrer a instrumentos voluntários e 10% afirmaram ainda que a Nigéria precisa de instrumentos económicos para fazer com que as famílias passem a utilizar aparelhos eléctricos energeticamente eficientes.

5.2.6 Governação de múltiplos recursos

O resultado da Figura 5.4 mostra que a ECN foi mandatada para formular a política e o planeamento estratégico para o sector da energia na Nigéria em todas as ramificações, incluindo a eficiência energética, mas devido à falta de orientação política do governo da Nigéria, outras agências do governo estão a duplicar os esforços da ECN, o que leva ao desperdício de recursos nacionais. A responsabilidade pela eficiência energética tem de ser claramente atribuída e facilitada com recursos para a sua implementação, porque todos os casos estudados atestam o facto de não haver financiamento para a implementação de políticas, como indicado por 90% dos inquiridos na Figura 5.21.

A responsabilidade atribuída a cada agência de implementação na Figura 5.4 é a motivação do programa de eficiência energética do PNUD-GEF para reunir todas as partes interessadas para abordar a eficiência energética dos aparelhos eléctricos domésticos.

O resultado da Figura 5.21 mostra que recursos como autoridade, meios financeiros, capacidade organizacional e conhecimentos especializados não são suficientes para incentivar as famílias nigerianas a adotar aparelhos eléctricos eficientes.

5.2.7 Desafios políticos e recomendações

Os desafios que se colocam à implementação de uma política de eficiência energética dos principais aparelhos electrodomésticos na Nigéria, segundo os inquiridos, são a falta de recursos para a formulação e implementação da política (90% dos inquiridos), as barreiras de informação e de mercado - 60% dos inquiridos, respetivamente - e o elevado custo dos aparelhos com eficiência energética - 50% dos inquiridos (Figura 5.21). Outros desafios são as questões comportamentais ou sociais - 40%, a falta de políticas, a falta de poder de execução, a falta de desenvolvimento de capacidades para a formulação e implementação de políticas e a falta de normas e rótulos, todos com 20% de inquiridos.

Para uma formulação e implementação eficazes da política de eficiência energética dos principais aparelhos electrodomésticos na Nigéria, 60% dos inquiridos sugeriram formação, reforço de capacidades e sensibilização para todas as partes interessadas, 30% sugeriram o reforço do nível de sinergia entre as partes interessadas, 20% sugeriram a penetração de contadores pré-pagos em todos os agregados familiares, o rápido desenvolvimento de normas e rótulos e a aprovação da NEP em lei pelo parlamento nigeriano, enquanto 10% dos inquiridos sugeriram a adoção da política de eficiência energética da Comissão da CEDEAO para a eficiência energética e as energias renováveis, a criação de um fundo de eficiência energética e uma abordagem ascendente na formulação e implementação da política.

5.2.8 Representação visual do conteúdo da governação

A representação visual da governação da política de eficiência energética dos principais aparelhos electrodomésticos na Nigéria é apresentada no cartão de pontuação, como mostra a figura 5.23. As setas para cima indicam que a situação atual está a mudar positivamente ou irá mudar num futuro previsível, as setas para baixo indicam que a situação atual está a mudar negativamente ou não irá melhorar num futuro previsível, enquanto a seta estável significa que o status quo ou a manutenção do status quo se mantém e que não se espera qualquer mudança num futuro previsível.

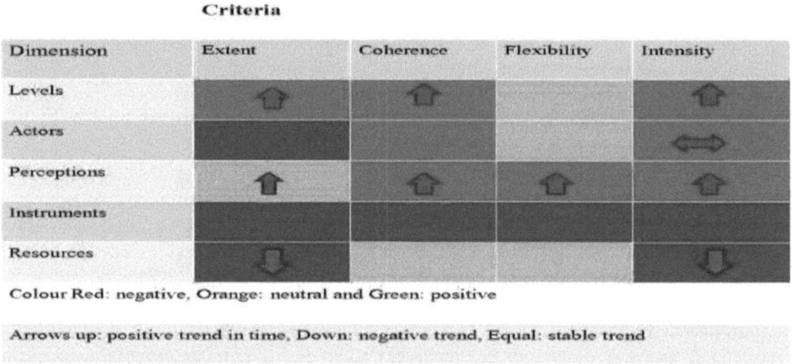

Figura 5.23: Visualização do conteúdo da governação da política de eficiência energética dos principais aparelhos domésticos na Nigéria num cartão de pontuação.

6: Conclusões e recomendações

O estudo realizado sobre a política de eficiência energética dos principais aparelhos eléctricos do sector residencial na Nigéria centrou-se na estratégia de governação das políticas e práticas de eficiência energética. Neste capítulo final, são dadas respostas à principal questão de investigação e às sub-questões. Por fim, são apresentadas recomendações para a elaboração de políticas.

Conclusões

Para responder à questão de investigação principal, temos de analisar as respostas a algumas questões de investigação secundárias.

Questão de investigação 1: "Qual é o sistema de governação da eficiência energética dos principais aparelhos eléctricos nos agregados familiares da Nigéria?"

A resposta a esta pergunta encontra-se no capítulo cinco.

Atualmente, a Nigéria não dispõe de políticas que visem especificamente a eficiência energética dos principais aparelhos eléctricos no sector residencial (ver Figura 5.1), mas as principais práticas que visam a eficiência energética dos principais aparelhos eléctricos domésticos fazem parte da campanha geral de sensibilização para promover a eficiência energética, o projeto de um milhão de lâmpadas fluorescentes compactas e o programa de eficiência energética em curso do PNUD-GEF (ver Figura 5.2). A troca gratuita de lâmpadas fluorescentes compactas por lâmpadas incandescentes, que não era obrigatória, foi utilizada no projeto CFL (regulação indireta/autoregulação), e o programa de eficiência energética em curso do PNUD-GEF iniciou um estudo de medição dos principais aparelhos eléctricos do sector residencial na Nigéria, com o objetivo de criar MEPS e desenvolver normas e rótulos. Por conseguinte, podemos concluir que há razões para referir que o sistema de governação da eficiência energética dos principais aparelhos eléctricos domésticos na Nigéria pode ser caracterizado como indireto - autorregulação.

Questão de investigação 2: "Que políticas, práticas e projectos locais estão atualmente em vigor na Nigéria relativamente à eficiência energética dos principais aparelhos eléctricos nos agregados familiares da Nigéria?"

A resposta a esta pergunta encontra-se no capítulo quatro.

A única política em vigor na Nigéria que está direcionada para a eficiência energética é a que consta da NEP 2003. Atualmente, não existe outra política que vise a eficiência energética dos principais aparelhos eléctricos domésticos, embora a NEP 2003 esteja a ser revista e os aparelhos eléctricos domésticos estejam a ser visados, mas o documento ainda está em fase de preparação.

Os projectos locais que estão em curso são: (1) o projeto de um milhão de lâmpadas fluorescentes compactas e (2) o programa de eficiência energética em curso do PNUD-GEF. Os resultados destes projectos locais mostram que a adoção de electrodomésticos eficientes do ponto de vista energético tem um grande potencial para reduzir o consumo de energia eléctrica na Nigéria, mas, para que isso aconteça, é necessário conceber e formular uma estratégia política que seja viável em termos de implementação e eficaz no cumprimento dos objectivos pré-estabelecidos.

Questão de investigação 3: "Quem são as principais partes interessadas e quais são as suas motivações, informações, recursos e inter-relações no que diz respeito à eficiência energética dos principais aparelhos eléctricos nos lares da Nigéria?"

A resposta a esta pergunta encontra-se nos capítulos quatro e cinco.

As principais partes interessadas envolvidas na governação da eficiência energética dos principais aparelhos electrodomésticos na Nigéria são as agências governamentais que tratam da eficiência energética na Nigéria. Outros intervenientes importantes, como os fabricantes, os importadores, os retalhistas, as associações de agregados familiares e os próprios agregados familiares não estão envolvidos na governação.

Para conhecer a inter-relação entre a motivação, a informação e os recursos dos implementadores e do grupo-alvo no que diz respeito à eficiência energética dos principais aparelhos eléctricos domésticos na Nigéria, o CIT será aplicado à probabilidade de aplicação e ao grau de implementação da política de eficiência energética na Nigéria.

A Figura 5.11 apresenta a motivação dos implementadores na abordagem da eficiência energética dos principais aparelhos electrodomésticos e os resultados do projeto "Um milhão de lâmpadas fluorescentes compactas" e dos programas de eficiência energética do PNUD-GEF, elaborados no capítulo 4, mostram que, para a probabilidade de aplicação, a motivação dos implementadores (Mi) é (+) e a motivação do grupo-alvo (Mt) é (+/0); e para o grau de implementação, Mi é (+) e Mt também é (+/0).

A Figura 5.19 mostra que o nível de informação dos implementadores é elevado, enquanto o grupo-alvo ainda precisa de muita informação. Mas os resultados do projeto CFL, no capítulo 4, mostram que o grupo-alvo tinha algum nível de informação, o que conduziu ao sucesso alcançado no projeto. Relativamente à probabilidade de aplicação, a informação para aplicação de parceiro(s) positivo(s) é (-) e para o grau de implementação, a informação para aplicação adequada de parceiro(s) positivo(s) ou neutro(s) é também (-).

As Figuras 5.18 e 5.21 mostram que os implementadores não dispõem de recursos adequados, tais como instrumentos políticos, finanças e poder de execução para promover a eficiência energética dos principais aparelhos electrodomésticos na Nigéria e, uma vez que não existe uma política, não é possível determinar se os grupos-alvo podem contestar as acções tomadas pelos implementadores. Por conseguinte, tanto para a probabilidade de aplicação como para o grau de implementação, o poder (pi) dos responsáveis pela implementação e do grupo-alvo é (0).

Resumo

Probabilidade de aplicação do IRC

Mi	Monte	I+	Pi	Situação	Resultado	Processo
+	+/0	-	0	2	--	Aprender para uma cooperação ativa

Mi = Motivação dos implementadores, ou seja, a aplicação
Mt = Grupo-alvo da motivação, ou seja, a aplicação
I+ = Informação para aplicação de parceiro(s) positivo(s) (nível mais elevado)
Pi = Equilíbrio de poder visto da posição do implementador

Grau de aplicação adequado

Mi	Monte	I+	Pi	Situação	Resultado	Processo
+	+/0	-	0	2	--	Aprender para uma cooperação construtiva
Mi = Mt =	Os implementadores da motivação, nomeadamente Ad Grupo-alvo da motivação: Ade equacionar a aplicação aplicação adequada					

I+ = Informação para uma aplicação adequada do(s) parceiro(s) positivo(s) ou neutro(s)
Pi = Equilíbrio de poder visto da posição do implementador

Questão principal de investigação: "O que se pode aprender com o sistema de governação das políticas e práticas de eficiência energética que visam os principais aparelhos eléctricos no sector residencial na Nigéria desde o ano de 2008 até à data?"

O resultado da avaliação na Figura 5.23 mostra que a governação da eficiência energética dos principais aparelhos eléctricos domésticos na Nigéria não é eficaz.

Atualmente, o sistema de governação para a eficiência energética dos principais aparelhos electrodomésticos na Nigéria está pouco desenvolvido (autorregulação), o que pode resultar da falta de políticas. A inter-relação entre o GAT e o CIT a partir da implementação do projeto de 1 milhão de lâmpadas fluorescentes compactas e do programa de eficiência energética do PNUD-GEF mostra que, no que respeita à probabilidade de aplicação da política de eficiência energética dos principais aparelhos electrodomésticos, a Nigéria está a aprender a desenvolver uma cooperação ativa e, no que respeita a um grau de aplicação adequado da política de eficiência energética dos principais aparelhos electrodomésticos, a Nigéria está a aprender a cooperar de forma construtiva. A Nigéria está a aprender sobre cooperação construtiva.

6.1 Recomendações

Para fazer recomendações para a elaboração de políticas eficazes e para a governação da eficiência energética dos principais aparelhos eléctricos no sector residencial na Nigéria, isto será feito considerando as respostas à subquestão de investigação 4 e respondendo à subquestão de investigação 5.

Questão de investigação 5: "Que políticas alternativas podem ser formuladas e implementadas para a eficiência energética dos principais aparelhos eléctricos no ambiente construído na Nigéria?"

"Nos estudos políticos, a perspetiva da governação substituiu a perspetiva tradicional do governo como poder soberano. Esta perspetiva de governação sublinha que os governos e as administrações responsáveis têm regularmente de negociar e cooperar com actores privados do sector público, e que muitas regras coletivamente vinculativas são estabelecidas e aplicadas para além do Estado, em várias formas de autorregulação social" (Benz, 2006, p.3 in Visser, 2012).

Com base na execução do projeto de 1 milhão de lâmpadas fluorescentes compactas e no programa de eficiência energética em curso do PNUD-GEF, bem como no resultado da avaliação da governação da eficiência energética dos principais aparelhos electrodomésticos, recomendo que a Nigéria adopte parcerias público-privadas como sistema de governação na abordagem da eficiência energética dos principais aparelhos electrodomésticos.

Figura 6.1: Um modelo de ação colectiva de parceria público-privada para capacitar uma comunidade energética autossustentável (Fonte: Li et al., 2013)

"A técnica mais adequada para identificar os interesses e as estratégias dos actores relativamente aos projectos de transição sociotécnica é a análise das partes interessadas. A integração de uma parceria de múltiplos actores numa rede de governação comunitária, como se mostra na Figura 6.1, pode capacitar a população local para alcançar um sistema de gestão de energia autossustentável. Uma parceria com múltiplos intervenientes envolve diferentes categorias de intervenientes, como o presidente, os governadores, os políticos, os promotores de projectos, o mercado tecnológico, os profissionais e os cidadãos.

As ligações verticais entre os sectores públicos assumem as responsabilidades de elaboração de políticas, de promoção e de orçamentação que são fundamentais para um nicho verde sustentado de competitividade de redução de carbono e para a promoção da ação colectiva nas comunidades de todo o mundo. As ligações horizontais permitem que o sector privado troque conhecimentos, informações e serviços técnicos e empresariais. Em primeiro lugar, as ONG, as instituições académicas e os profissionais desempenham o papel de facilitadores e de agentes de coordenação. Ao coordenar informações e actividades com diferentes sectores, tanto as ligações verticais como as horizontais facilitam a tomada de decisões através de um processo sistemático que resulta em acções optimizadas" (Li et al., 2013)

As lições aprendidas com a aplicação da política de eficiência energética dos aparelhos electrodomésticos por outros países, referidas no capítulo 2, secção 2.8, são repetidas a seguir:

10. *A adoção de aparelhos energeticamente eficientes pelos agregados familiares tem um enorme potencial para reduzir a procura nacional de energia e a emissão de gases com efeito de estufa, especialmente o dióxido de carbono.*

11. *A eficiência energética dos electrodomésticos foi melhorada por muitos países através da rotulagem energética, da aquisição de aparelhos energeticamente eficientes, de acordos voluntários, da gestão da procura e da aplicação de normas mínimas de eficiência energética.*

12. *Os instrumentos políticos utilizados por outros países incluem instrumentos regulamentares, administrativos, de informação e económicos.*

13. *O retorno da informação e a sensibilização maciça através de diferentes meios de comunicação têm sido utilizados para procurar uma mudança de comportamento na utilização doméstica da energia.*

14. *Para que uma política seja eficaz, deve ser concebida de modo a ter em conta a forma como a adoção de tecnologias, as práticas de poupança de energia, os conhecimentos sobre a utilização de energia e o comportamento em relação à conservação de energia estão relacionados com as caraterísticas do agregado familiar e devem adequar-se ao ambiente local.*

15. *Para que as políticas sejam eficazes, é necessária uma combinação de instrumentos políticos.*

16. *É necessária legislação que regule a transição para electrodomésticos eficientes por agregado familiar.*

17. *Para uma política eficaz e eficiente, todas as partes interessadas nos aparelhos domésticos (fabricantes, vendedores, utilizadores, etc.) devem ser envolvidas num processo aberto e transparente.*

18. *Todas as agências governamentais envolvidas na governação da eficiência energética dos aparelhos domésticos devem trabalhar em sinergia.*

Como foi observado, não existe nenhum programa nacional iniciado e implementado pela Nigéria para abordar a eficiência energética dos principais aparelhos eléctricos domésticos, pelo que sugiro o seguinte:

J A REC pode liderar a defesa da necessidade de reunir todas as partes interessadas para formar um comité de todas as partes interessadas, incluindo o sector privado e os próprios agregados familiares, que conduzirá a parceria público-privada.

J As questões energéticas não são apenas fenómenos técnicos, mas também sociais, pelo que é necessário que os centros de investigação, em colaboração com outros académicos, realizem investigação para saber quais os instrumentos políticos ou a combinação de instrumentos que serão aceites por todas as partes interessadas, os tipos de incentivos exigidos pelas diferentes partes interessadas, o envolvimento do sector privado e para verificar se o sector privado comprometerá os seus recursos como parte da sua responsabilidade social para apoiar a promoção da eficiência energética dos principais aparelhos electrodomésticos.

J O comité que conduz a parceria público-privada pode conceber políticas e desenvolver um programa nacional utilizando uma abordagem ascendente para promover a eficiência energética dos principais aparelhos electrodomésticos.

Lista de referências

Abrahamse, W., Steg, L., Vlek, G., e Rothengatter, T., 2005. A review of intervention studies aimed at household energy conservation, Journal of Environmental Psychology, 25 (2005), PP 273 - 291.

Abrahamse, W., Steg, L., Vlek, G., e Rothengather, T., 2007. The effect of tailored information, goal setting, and tailored feedback on household energy use, energy related behaviors, and behavioral antecedents, Journal of Environmental Psychology, 27 (2007), PP 265 - 276.

Armel, K, C., Gupta, A., Shrimali, G., e Albert, A., 2013. Is disaggregation the holy grail of energy efficiency? O caso da eletricidade, Journal of Energy Policy, 52 (2013), PP 213 - 234.

Ashima, S., e Nakata, T., 2008. Energy-efficiency for CO_2 emissions in a residential sector in Japan, Journal of Applied Energy, 85 (2008), PP 101 - 114.

Ashima, S., e Nakata, T., 2008. Análise quantitativa da estratégia de eficiência energética na emissão de CO2 no sector residencial no Japão - Estudo de caso da Prefeitura de Iwate, Journal of Applied Energy, 85 (2008), PP 204 - 217.

Bansal, P., Vineyard, E., e Abdelaziz, O., 2011. Advances in household appliances - A review, Journal of Applied Thermal Engineering, 31 (2011), PP 3748 - 3760.

Barr, S., Gilg, A.W., e Ford, N., 2005. The household energy gap: examining the divide between habitual and purchase-related conservation behaviours, Journal of Energy Policy, 33 (2005), PP 1425 - 1444.

Bazilian, M., Nakhooda, S., e Van de Graaf, T., 2014. Energy governance and poverty, Journal of Energy Research and Science, xxx (2014), PP xxx - xxx.

Beaman, L., e Dillon, A., 2012. As definições do agregado familiar são importantes na conceção do inquérito? Results from a randomized survey experiment in Mali, Journal of Development Economics, 98 (2012), PP 124 - 135.

Bertoldi, P., e Atanasiu, B., 2009. Electricity Consumption and Efficiency Trends in European Union, JRC-Comissão Europeia. http://re.jrc.ec.europa.eu/energyefficiency/ [Acedido em 13 de maio de 2014]

Bocher, M., 2012. A theoretical framework for explaining the choice of instruments in environmental policy, Journal of Forest Policy and Economics, 16 (2012), PP 14 - 22.

Borg, S.P., e Kelly, N.J., 2011. The effect of appliance energy efficiency improvements on domestic electric loads in European households, Journal of Energy and Buildings, 43 (2011), PP 2240 - 2250.

Bressers, H., et al., 2013. Water Governance Assessment Tool with an Elaboration for Drought resilience, DROP. www.dropproject.eu [Acedido em 11 de abril de 2014].

Brounen, D., Kok, N., e Quigley, J.M., 2013. Energy literacy, awareness, and conservation behaviour of residential households, Journal of Energy Economics, 38 (2013), PP 42 - 50.

Chai, K., e Yeo, C., 2012. Overcoming energy efficiency barriers through systems approach - A concetual framework, Journal of Energy Policy, 46 (2012), PP 460 - 472.

Crosbie, T., 2008. Household energy consumption and consumer electronics: The case of television, Journal of Energy Policy, 36 (2008), PP 2191 - 2199.

Cumberland, J, H., 1990. Public choices and the improvement of policy instruments for environmental management, Journal of Ecological Economics, 2 (1990), PP 149 - 162.

Delmas, M, A., Fischlein, M., e Asensio, O, I., 2013. Estratégias de informação e comportamento de conservação de energia: A mete-analysis of experimental studies from 1975 to 2012, Journal of Energy Policy, 61 (2013), PP 729 - 739.

ECN, 2003. Política energética nacional. Uma publicação da Comissão de Energia da Nigéria.

ECN, 2007. Plano Diretor Nacional de Energia. Uma publicação da Comissão de Energia da Nigéria.

ECN, 2012. Plano diretor para as energias renováveis. Uma publicação da Comissão de Energia da Nigéria. 2nd ed.

EIA, 2013. Administração da Informação sobre Energia dos EUA, relatório completo sobre a Nigéria. www.eia. gov/COUNTRIES/country-data.cfm?fips=NI [Acedido em 9 de abril de 2014]

Estrada, M.A.R., 2011. Modelação de políticas: Definição, classificação e avaliação, Journal of Policy Modeling, 33 (2011), PP 523 - 536.

Faber, A., e Hoppe. T., 2013. Co-constructing a sustainable built environment in the

Netherlands - Dynamics and opportunities in an environmental sectoral innovation system, Journal of Energy Policy, 52 (2013), PP 628 - 638.

Filippini, M., Hunt, L., e Zoric, J., 2014. Impact of energy policy instruments on the estimated level of underlying energy efficiency in the EU residential sector, Journal of Energy Policy, 69 (2014), PP 73 - 81.

Gasper, R., e Antumes, D., 2011. Energy efficiency and appliance purchases in Europe: Consumer profiles and choice determinants, Journal of Energy Policy, 39 (2011), PP 7335 - 7346.

Ghaderi, A., Moghaddam, M.P., e Sheikh-El-Eslami, M.K., 2014. Modelação de recursos de eficiência energética no planeamento da expansão da produção, Journal of Energy, 68 (2014), PP 529 - 537.

Ghisi, E., Gosch, S., e Lamberts, R., 2007. Electricity end-use in the residential sector of Brazil, Journal of Energy Policy, 35 (2007), PP 4107 - 4120.

Goldman, C., Reid, M., Levy, R., e Silverstein, A., 2010. Coordination of Energy Efficiency and Demand Response, Ernest Orlando Lawrence Berkeley National Laboratory. http://emp.ibi.gov/sites/all/files/REPORT%20ibnl-304 [Acedido em 14 de maio de 2014]

Governo do Quénia, Ministério da Industrialização (GKMI), 2012. Partes interessadas no programa de normas e rotulagem. www.ke.undp.org/index.php/procurements/download/331/. [Acedido em 17 de julho de 2014].

He, H.Z., e Kua, H.W., 2013. Lessons for integrated household energy conservation policy from Singapore's Southwest Eco-living Program, Journal of Energy Policy, 55 (2013), PP 105 - 116.

Hoppe, T., 2012. Adoção de sistemas energéticos inovadores na habitação social: Lessons from eight large-scale renovation projects in The Netherlands, Journal of Energy Policy, 51 (2012), PP 791 - 801.

Iwaro, J., e Mwasha, A., 2010. A review of building energy regulation and policy for energy conservation in developing countries, Journal of Energy Policy, 38 (2010), PP 7744 - 7755.

Jaffe, A., e Stavins, R., 1994. The energy paradox and the diffusion of energy technology, Journal of Resource and Energy Economics, 16 (1994), PP 91 - 122.

Kelly, G., 2012. Sustentabilidade em casa: Policy measures for energy-efficient appliances, Journal of Renewable and Sustainable Energy Reviews, 16 (2012), PP 6851 - 6860.

Kuks, S., et al., 2012. Ferramenta de avaliação da governação - Capacidade institucional, Universidade de Twente, 26 de abril de 2012. Países Baixos.

Leighty, W., e Meier, A., 2011. Conservação acelerada de eletricidade em Juneau, Alasca: A study of household activities that reduced demand 25%, Journal of Energy Policy, 39 (2011), PP 2299 - 2309.

Lillemo, S, C., 2014. Medindo o efeito da procrastinação e da consciência ambiental nos comportamentos de poupança de energia das famílias: An empirical approach, Journal of Energy Policy, 66 (2014), PP 249 - 256.

Lopes, M, A, R., Antunes, C, H., e Martins, N., 2012. Os comportamentos energéticos como promotores da eficiência energética: A 21st century review, Journal of Renewable and Sustainable Energy Review, 16 (2012), PP 4095 - 4104.

Ma, G., Andrews-speed, P., e Zhang, J., 2013. Chinese consumer attitudes towards energy saving: The case of household electrical appliances in Chongqing, Journal of Energy Policy, 56 (2013), PP 591 - 602.

McMichael, M., e Shipworth, D., 2013. The value of social networks in the diffusion of energy-efficiency innovations in UK households, Journal of Energy Policy, 53 (2013), PP 159 - 168.

Mills, B., e Schleich, J., 2010. What's driving energy efficient appliance label awareness and purchase propensity, Journal of Energy Policy, 38 (2010), PP 814 - 825.

Mills, B., e Schleich, J., 2012. Adoção de tecnologias residenciais de eficiência energética, conservação de energia, conhecimentos e atitudes: Uma análise dos países europeus, Journal of Energy Policy, 49 (2012), PP 616 - 628.

Murphy, L., Meijer, F., e Visscher, H., 2012. A qualitative evaluation of policy instruments used to improve energy performance of existing private dwellings in the Netherlands, Journal of Energy Policy, 45 (2012), PP 468 - 459.

Nair, G., Gustavsson, L., e Mahapatra, K., 2010. Factores que influenciam os investimentos em eficiência energética em edificios residenciais suecos existentes, Journal of Energy Policy, 38 (2010), PP 2956 - 2963.

NBS, 2012. Estatísticas Sociais na Nigéria, Parte III: Saúde, Emprego, Segurança Pública, População e Registo Vital. http://www.nigeriastat.gov.ng/pages/download/170 [Acedido em 9 de abril de 2014]

NBS, 2014. Medir melhor: Preliminary results of the rebased nominal gross domestic product (GDP) estimates for Nigeria 2010 to 2013, Delivered by the Statistician-General of the Federation and Chief Executive Officer, National Bureau of Statistics, Dr. Yemi Kale, Abuja 6 April 2014. http://www.nigeriastat.gov.ng/pages/download/199 [Acedido em 10 de abril de 2014]

Never, B., 2014. Making energy efficiency pro-poor: Insights from behaviuoral economics for policy design, Documento de discussão, 11 (2014), Instituto Alemão de Desenvolvimento.

O'Doherty, J., Lyons, S., e Tol, R.S.J., 2008. Energy-using appliances and energy-saving features: Determinants of ownership in Ireland, Journal of Applied Energy, 85 (2008), PP 650 - 662.

Ofosu-Ahenkorah, 2002. Transforming the West African market for energy efficiency: O Gana lidera o caminho com rótulos de normas obrigatórias. http://www.energyguide.org.gh/page.php? Page=4318 [Acedido em 26 de junho de 2014]

Oikonomou, V., Becchis, F., Steg, L., e Russolillo, D., 2009. Energy saving and energy efficiency concepts for policy making, Journal of Energy Policy, 37 (2009), PP 4787 - 4796.

Pelenur, M, J., e Cruickshank, H, J., 2012. Fechando a lacuna de eficiência energética: A study linking demographics with barriers to adopting energy efficiency measures in the home, Journal of Energy, 47 (2012), PP 384 - 357.

Reddy, B, S., 2013. Barriers and drivers to energy efficiency - A new taxonomical approach, Journal of Energy Conversion and Management, 74 (2013), PP 403 - 416.

Reddy, B, S., 2003. Overcoming the energy efficiency gap in India's household sector, Journal of Energy Policy, 31 (2003), PP 1117 - 1127.

Sardianou, E., 2007. Estimating energy conservation patterns of Greek households, Journal of Energy Policy, 35 (2007), PP 3778 - 3791.

Sarkar, A., e Sigh, J., 2010. Financing energy efficiency in developing countries - lessons learned and remaining challenges, Journal of Energy Policy, 38 (2010), PP 5560 - 5571.

Shimoda, Y., et al., 2010. Prediction of greenhouse gas reduction potential in Japanese residential sector by residential energy end-use model, Journal of Applied Energy, 87 (2010), PP 1944 - 1952.

Stephenson et al., 2010. Culturas energéticas: A framework for understanding energy behaviours, Journal of Energy Policy, 38 (2010), PP 6120 - 6129.

Streimikiene, D., 2014. Residential energy consumption trends, main drivers and policies in Lithuania, Journal of Renewable and Sustainable Energy Review, 35 (2014), PP 285 - 293.

Sweeney et al., 2013. Comportamentos de poupança de energia: Development of a practice-based model, Journal of Energy Policy, 61 (2013), PP 371 - 381.

Travezan, J.Y., Harmen, R., e Toledo, G., 2013. Análise de políticas para a eficiência energética no ambiente construído em Espanha, Journal of Energy Policy, 61 (2013), PP 317 326.

PNUD, 2013. Campanha de medição da utilização final para casas residenciais na Nigéria. www.ng.undp.org/..../nigeria/..../UNDP NG sustaindev metering campa.... [Acedido em 17 de janeiro de 2014].

PNUA, 2012. Relatório Regional sobre Iluminação Eficiente nos Países da África Subsariana. www.enlighten-initiative.org/'..../country.../'en.lighten sub-saharan%20R... [Acedido em 17 de abril de 2014]

Varone, F., e Aebischer, B., 2001. Energy efficiency: The challenges of policy design, Journal of Energy Policy, 29 (2001), PP 615 - 629.

Vassileva, I., Wallin, F., e Dahlquist, E., 2012. Analytical comparison between electricity consumption and behaviuoral characteristics of Swedish households in rented apartment, Journal of Energy Policy, 90 (2012), PP 182 - 188.

Verschuren, P., e Doorewaard, H., 2010. Conceber um projeto de investigação. 2nd ed. Londres: Eleven International Publishing.

Vine, E., Drury, C., e Centolella, P., 1991. Energy efficiency and the environment: Forging the link, Journal of American Council for an Energy-Efficient Economy.

Webber, L., 1997. Some reflections on barriers to the efficient use of energy, Journal of Energy Policy, 25 (1997), PP 833 -5.

Wilhite, H., e Ling, R., 1995. Measured energy savings from a more informative energy bill, Journal of Energy and Buildings, 22 (1995), PP 145 - 155.

Wood, G., e Newborough, M., 2003. Dynamic energy-consumption indicators for domestic appliances: environment, behaviour and design, Journal of Energy and Building, 35 (2003), PP 821 - 841.

Yamamoto, Y., Suzuki, A., Fuwa, Y., e Sato, T., 2008. Decision-making in electrical appliance use in the home, Journal of Energy Policy, 36 (2008), PP 1679 - 1686.

Yohanis, Y, G., 2012. Domestic energy use and householder's energy behaviour, Journal of Energy Policy, 41 (2012), PP 654 - 665.

Young. D., 2008. When do energy-efficient appliances generate energy savings? Some evidence from Canada, Journal of Energy Policy, 36 (2008), PP 34 - 46.

Yue, T., Long, R., e Chen, H., 2013. Factores que influenciam o comportamento de poupança de energia dos agregados familiares urbanos na província de Jiangsu, Journal of Energy Policy, 62 (2013), PP 665 - 675.

Zhang, Y., e Wang, Y., 2013. Barriers' and policies' analysis of China's building energy efficiency, Journal of Energy Policy, 62 (2013), PP 768 - 773.

Apêndice

Apêndice A

Questionário de avaliação da governação para o estudo da política de eficiência energética dos principais aparelhos eléctricos no sector residencial na Nigéria

Este questionário contém seis secções (A-F). A entrevista com o entrevistado - para a qual este questionário é o principal instrumento de recolha de dados - terá a duração aproximada de uma hora.

Secção A - Política

1. Quais são as principais políticas e práticas que visam a eficiência energética dos principais aparelhos eléctricos domésticos na Nigéria desde o ano 2008 até à data?

Secção B - Agências governamentais

2. Que agências governamentais estão envolvidas e lidam com a eficiência energética dos aparelhos eléctricos domésticos na Nigéria?
3. Como é que estas agências estão envolvidas na eficiência energética dos aparelhos eléctricos domésticos na Nigéria?
4. Há agências importantes em falta?
5. Qual é o nível de cooperação e de confiança entre estas agências?
6. Existe um forte impacto de uma determinada agência na mudança de comportamento ou na reforma da gestão da governação da eficiência energética dos electrodomésticos na Nigéria e, em caso afirmativo, como explica este facto?

Secção C - Partes interessadas

7. Quem são as partes interessadas na governação da eficiência energética dos aparelhos electrodomésticos na Nigéria e como estão envolvidas na questão da eficiência energética dos aparelhos electrodomésticos na Nigéria?
8. Na sua opinião, há partes interessadas excluídas da aplicação das políticas?
9. Quais são as motivações da sua organização para abordar a eficiência energética dos aparelhos eléctricos domésticos?
10. Como se organizam as interações com outras partes interessadas e quais são as suas origens?
11. Existe um forte impacto de um ator ou de uma coligação de actores na governação da eficiência energética dos aparelhos eléctricos domésticos na Nigéria (no sentido de uma mudança de comportamento ou de uma reforma da gestão)?

Secção D - Objectivos políticos

12. Em que medida as políticas e práticas actuais têm em conta as várias perspectivas dos problemas de todas as partes interessadas?
13. Em que medida os vários objectivos de cada agência de execução estão alinhados?
14. As ambições políticas diferem do status quo / business as usual?

Secção E - Perceção do problema e instrumentos de política

15. Que tipos de instrumentos políticos estão incluídos na estratégia política?
16. Em que medida a agência de execução e o grupo-alvo estão informados sobre os instrumentos e o(s) seu(s) objetivo(s)?
17. Qual é o desvio comportamental implícito do grupo-alvo em relação à prática atual e com que intensidade os instrumentos o exigem e aplicam?

Secção F - Desafios políticos e recomendações

18. Quais são os desafios enfrentados na implementação de políticas de eficiência energética para os principais aparelhos eléctricos domésticos na Nigéria?
19. Quais são as suas recomendações para a formulação e implementação de políticas eficazes em matéria de eficiência energética dos principais aparelhos eléctricos domésticos na Nigéria?

Apêndice B

Respostas obtidas na entrevista do questionário de avaliação da governação para o estudo da política de eficiência energética dos principais aparelhos eléctricos no sector residencial na Nigéria.

PERITO 1

As principais políticas que visam a eficiência energética (EE) na Nigéria desde o ano de 2008 até à data são (i) A conservação de energia deve ser promovida a todos os níveis da exploração dos recursos energéticos da nação (ii) A nação deve promover o desenvolvimento e a adoção de métodos de eficiência energética na utilização de energia. Estas declarações não visavam especificamente os principais aparelhos eléctricos domésticos. No entanto, a Política Nacional de Energia (ECN 2003) está atualmente a ser revista para abordar a EE dos aparelhos domésticos. Algumas das práticas e políticas implementadas ou em curso são vários workshops de formação sobre EE, um milhão de CFLs do projeto governamental ECN-ECOWAS-CUBAN, programa EE do GEF-UNDP e criação de consciência através de vários meios.

As agências governamentais responsáveis pela EE dos electrodomésticos na Nigéria são a Comissão de Energia da Nigéria (ECN), a Organização de Normalização da Nigéria (SON), o Ministério da Habitação e do Desenvolvimento Urbano, o Centro Nacional para a Eficiência e Conservação Energética (NCEEC) e o Instituto de Investigação Rodoviária e da Construção da Nigéria (NBRRI). A ECN é responsável pela formulação de políticas e pelo controlo da implementação da política. Isto é feito através do departamento de Gestão de Energia, Formação e Desenvolvimento de Mão de obra (EMTMD), o NCEEC investiga em EE e conservação para melhorar a EE nos agregados familiares e também para formar mão de obra para EE, o SON em colaboração com outras partes interessadas estabelece e monitoriza a implementação de normas para aparelhos, o Ministério da Habitação e Desenvolvimento Urbano é responsável pelo desenvolvimento de códigos de construção, enquanto o NBRRI é responsável pela investigação em eficiência de construção.

A EE e a conservação são domínios demasiado vastos e a NCEEC deveria ser transformada numa Comissão para tratar de todas as questões relativas à EE na Nigéria. Além disso, o EMTMD deve ser separado em dois departamentos.

Existe cooperação entre as agências responsáveis pela EE dos electrodomésticos na Nigéria. Normalmente, são criados comités entre as agências para tratar de questões importantes. A questão da confiança não é muito clara.

A ECN teve um grande impacto através da implementação do projeto de um milhão de lâmpadas fluorescentes compactas e da sensibilização através de vários workshops. Além disso, os aumentos das tarifas de eletricidade pela Comissão Nacional de Regulamentação da Eletricidade (NERC) também ajudam a mudar o comportamento dos utilizadores no sentido da poupança de energia.

As principais partes interessadas envolvidas na governação da EE dos electrodomésticos na Nigéria são a ECN, responsável pela formulação e implementação de políticas, a NCEEC, mandatada para investigar a melhoria da EE em geral, a SON, responsável pela definição e aplicação de normas, a Alfândega, que controla a importação de aparelhos de qualidade inferior, e a NERC, que concebe e implementa as tarifas, regista as empresas de energia, monitoriza-as e controla-as. Todas as partes interessadas são envolvidas na implementação de políticas de EE para electrodomésticos na Nigéria. Outras partes interessadas são envolvidas através de seminários, workshops e reuniões de comités de peritos. A interação com outras partes interessadas é iniciada pela ECN ou por uma das partes interessadas. O programa de EE do GEF-PNUD ajudou a reunir todas as partes interessadas na governança de EE na Nigéria.

A motivação da ECN para implementar políticas de EE é reduzir o desperdício de energia, o fornecimento insuficiente de energia, as tarifas elevadas porque os níveis de rendimento dos nigerianos são baixos.

A Política Energética Nacional (ECN 2003) está a ser revista para acomodar os interesses de todas as partes interessadas e abordar várias perspectivas de problemas. Todas as agências de execução estão a trabalhar em conjunto para um objetivo comum e as ambições políticas diferem do que eram anteriormente. Está a ser proposta uma abordagem da base para o topo.

A NEP (ECN 2003) não abordava qualquer instrumento, mas a política de revisão aborda instrumentos económicos como incentivos e subsídios, instrumentos de informação, instrumentos obrigatórios como as MEPS, normas e rótulos, etc. Os implementadores da política têm algum nível de conhecimento, mas precisam de mais formação e o grupo-alvo precisa de mais consciencialização. A EE não é muito encorajadora devido à insuficiência do fornecimento de energia, sendo necessários instrumentos obrigatórios para controlar os produtos abaixo do padrão e remover os aparelhos ineficientes do sistema.

Alguns dos desafios enfrentados na implementação da EE para os agregados familiares incluem o design deficiente das casas, especialmente nas áreas rurais, questões sociais como a iluminação para o êxtase e a falta de recursos adequados para a implementação da política. As minhas recomendações para a formulação de políticas eficazes para abordar a EE dos electrodomésticos são a formação e a sensibilização das partes interessadas, a implementação, a monitorização e a coordenação das estratégias políticas pela ECN e a educação das várias partes interessadas para criar uma mudança de comportamento.

PERITO 2

A principal política que visa a eficiência energética dos principais aparelhos eléctricos domésticos na Nigéria desde o ano de 2008 até à data é a enumerada na NEP (ECN, 2003), que é (i) A conservação de energia deve ser promovida a todos os níveis da exploração dos recursos energéticos da nação (ii) A nação deve promover o desenvolvimento e a adoção de métodos de eficiência energética na utilização de energia. A política não é específica para os aparelhos eléctricos domésticos, mas atualmente a política (ECN, 2003) está a ser revista e a eficiência energética doméstica está a ser abordada. A implementação da política desde 2008 até à data inclui um projeto de 1 milhão de lâmpadas fluorescentes compactas, formação e sensibilização através de vários workshops, seminários e conferências e do programa de eficiência energética do PNUD-GEF.

A principal agência governamental envolvida na EE dos principais aparelhos eléctricos domésticos é a ECN e o seu centro de investigação (NCEEC). Outras agências governamentais são a Alfândega da Nigéria, SON e CPC. A ECN é responsável pela formulação e implementação de políticas que incluem a execução de projectos de EE, a promoção de EE através da criação de consciência e workshops de sensibilização. A NCEEC investiga questões de EE que incluem a promoção, formação e testes de eficiência, a SON é responsável pela definição e aplicação de normas, e a CPC protege os consumidores e assegura que os desejos e a satisfação dos consumidores são tidos em conta no que diz respeito aos aparelhos que compram, enquanto os Serviços Aduaneiros da Nigéria controlam a entrada de aparelhos de qualidade inferior no país. Existe uma relação cordial e de cooperação entre as agências de execução, mas não é possível determinar se confiam umas nas outras.

A ECN teve um forte impacto na gestão da EE dos electrodomésticos na Nigéria através da promoção e da sensibilização (ou seja, workshops, seminários, conferências) e do projeto de 1 milhão de lâmpadas fluorescentes compactas. Além disso, a ECN, através do PNUD e em colaboração com o Ministério do Ambiente, iniciou uma proposta que culminou no programa EE do PNUD-GEF, que está a introduzir muitas reformas de gestão na governação da EE dos principais aparelhos domésticos na Nigéria.

As principais partes interessadas envolvidas na governação da EE na Nigéria são as agências governamentais que lidam com a EE. Todas as partes interessadas estão a ser envolvidas na governação da EE dos aparelhos domésticos na Nigéria.

A motivação da ECN para implementar EE de electrodomésticos na Nigéria é o mandato dado à Comissão. Outras questões que motivam a ECN é o facto de a EE conduzir à redução do número de centrais eléctricas necessárias ao país, ao desenvolvimento sustentável e à melhoria da economia.

As interações das partes interessadas são normalmente iniciadas pela ECN através de comités de peritos e da interação das partes interessadas para discutir e implementar políticas sobre a EE dos aparelhos domésticos. A ECN da Nigéria assume a liderança. Além disso, a ECN mobilizou com êxito todas as partes interessadas através de actividades promocionais para alterar o comportamento e a gestão de actividades de eficiência energética, por exemplo, convencendo os proprietários de imóveis a adoptarem as melhores práticas de EE e aparelhos de EE.

As várias perspectivas de problemas foram abordadas através da criação de conscientização, educação e disseminação de informações pela ECN, por exemplo, os legisladores agora entendem por que o investimento deve ser feito em EE. Também o projeto de política em revisão abordou quase todas as questões.

Os objectivos de todas as agências envolvidas estão muito bem alinhados, porque todas elas estão a trabalhar no sentido de retirar os aparelhos ineficientes dos lares. A ambição política difere do status quo. O facto de a NEP estar a ser revista e a reunião de todas as partes interessadas na formulação do documento político explicam este facto. A mudança comportamental implícita consiste em alterar o comportamento dos utilizadores, que deixam de utilizar aparelhos ineficientes e passam a utilizar aparelhos eficientes.

A política atual não abordava qualquer instrumento, mas esta questão foi resolvida pelo projeto de documento de política. As agências de execução têm muitos conhecimentos sobre os instrumentos. A formação e a reciclagem estão em curso, mas o grupo-alvo precisa ainda de muita sensibilização para compreender os instrumentos e os seus objectivos. É necessária uma combinação de instrumentos económicos e obrigatórios para que a mudança comportamental implícita do grupo-alvo mude para a eficiência.

Alguns dos desafios que se colocam à implementação da política de EE dos electrodomésticos na Nigéria são a falta de financiamento para a implementação da política, a falta de desenvolvimento de capacidades na formulação e implementação da política, a falta de legislação adequada porque a NEP não se tornou lei do parlamento, pelo que, em certa medida, não é aplicável.

Para uma formulação e implementação eficazes de políticas que abordem a EE dos aparelhos eléctricos domésticos na Nigéria, a NEP deve ser aprovada em lei pelo parlamento. Formação de todas as partes interessadas e é necessário reforçar a sinergia entre as partes interessadas.

PERITO 3

As políticas que visam a EE dos principais aparelhos eléctricos domésticos desde o ano de 2008 até à data são as indicadas na NEP (ECN, 2003), que são (i) A conservação de energia deve ser promovida a todos os níveis da exploração dos recursos energéticos da nação (ii) A nação deve promover o desenvolvimento e a adoção de métodos de eficiência energética na utilização de energia. Embora a declaração de política seja geral, o projeto de política em análise abordou especificamente a eficiência energética dos aparelhos domésticos. As políticas e práticas que foram implementadas ou estão em curso incluem a criação de workshops de sensibilização e consciencialização para as partes interessadas, o projeto CFL de 1 milhão, o programa PNUD-GEF EE e as normas e rótulos de iluminação CFL que entram em vigor no final de 2013.

As agências governamentais envolvidas na governação da EE dos principais aparelhos domésticos são a ECN, NCEEC, SON, Ministério da Energia, CPC, Serviço Aduaneiro da Nigéria e NOA. A ECN fornece contributos técnicos em termos de investigação e elaboração de políticas, a NCEEC investiga questões de EE; a Son é responsável pela definição e aplicação de normas. O Ministério da Energia também contribui para a elaboração de políticas, os Serviços Aduaneiros da Nigéria aplicam e controlam o influxo de produtos abaixo do padrão e ineficientes através da fronteira, enquanto a NOA é responsável pela criação de conscientização para mudar a orientação das famílias em relação ao uso de aparelhos eléctricos.

As partes interessadas envolvidas na governação da EE dos principais aparelhos eléctricos domésticos na Nigéria são as agências governamentais envolvidas e que lidam com a EE na Nigéria. Todas as partes interessadas estão a ser envolvidas na governação da EE dos principais aparelhos eléctricos domésticos na Nigéria e existe uma forte cooperação e confiança entre as agências.

A ECN criou um forte impacto através da implementação do projeto 1 milhão de CFLs e do programa de EE do PNUD-GEF. Algumas agências do governo criaram unidades de EE nos seus escritórios. Também o testemunho do SON mostra que a qualidade das LFC no mercado melhorou desde a aplicação das normas e rótulos de iluminação das LFC.

A motivação do PNUD-GEF para implementar a política de EE para aparelhos eléctricos domésticos é a mudança climática e o fornecimento insuficiente de energia. O programa de EE do PNUD-GEF iniciou e utilizou a forma de plataforma de projeto para coordenar todos os intervenientes na governação e promoção das melhores práticas de EE, especialmente nos agregados familiares. O programa de EE do PNUD-GEF também desempenhou um papel de liderança para criar um forte impacto, reunindo todas as partes interessadas, formando-as e formulando regulamentos para governar a EE dos electrodomésticos na Nigéria.

As várias perspectivas problemáticas estão a ser abordadas passo a passo. Já estão a ser fornecidos produtos de qualidade e os incentivos para os aparelhos de EE estão a ser abordados no projeto de política em análise. Os objectivos de todas as agências envolvidas na governação da EE dos electrodomésticos estão alinhados porque todas estão a trabalhar para a adoção de aparelhos eficientes pelos agregados familiares. A ambição da política difere do status quo porque a abordagem de baixo para cima está a ser usada atualmente para abordar a EE dos electrodomésticos na Nigéria.

Não há nenhum instrumento político específico mencionado na NEP (ECN, 2003) relativo aos electrodomésticos, mas o projeto de política em análise propõe uma combinação de instrumentos económicos, voluntários e obrigatórios. As agências de execução estão bem informadas sobre os instrumentos, porque lhes foi organizada muita formação, mas o grupo-alvo ainda precisa de muita sensibilização. O desvio comportamental implícito do grupo-alvo é a utilização de aparelhos eficientes e, para que isto se torne realidade, em primeiro lugar os instrumentos terão de ser voluntários, mas a partir de 2016 (em conformidade com a visão da CEDEAO) serão aplicados instrumentos obrigatórios. Será utilizada uma combinação de instrumentos económicos e obrigatórios.

Os desafios enfrentados pela implementação da política de EE na Nigéria são barreiras de informação, barreiras de mercado, falta de recursos, falta de política, falta de aplicação, questões comportamentais e sociais e produtos de baixa qualidade.

Para uma formulação e aplicação eficazes das políticas, deve ser utilizada uma abordagem da base para o topo, todas as partes interessadas devem ser envolvidas na formulação e aplicação das políticas e no reforço das capacidades para uma formulação e aplicação eficazes das políticas.

PERITO 4

As políticas que visam a eficiência energética dos principais aparelhos electrodomésticos na Nigéria desde o ano 2008 até à data são as indicadas na NEP 2003, que é uma declaração geral que apoia a importação de aparelhos energeticamente eficientes. Não existe uma política que vise especificamente os aparelhos eléctricos domésticos. Algumas das políticas e práticas implementadas são o projeto CFL de 1 milhão de lâmpadas fluorescentes compactas para iluminação eficiente na Nigéria e o programa de eficiência energética do PNUD-GEF.

As agências governamentais que lidam com a eficiência energética dos aparelhos eléctricos domésticos na Nigéria são a ECN, a NCEEC, a NERC, a CPC, a SON, a FME, a FMP e a NBRRI. A ECN é responsável pela formulação de políticas e pelo planeamento estratégico do sector da energia na Nigéria em todas as suas ramificações. Isto é feito através de actividades de promoção e projectos de demonstração. O NCEEC é responsável pela investigação e desenvolvimento em matéria de eficiência energética, pela promoção de aparelhos energeticamente eficientes e pela realização de ensaios para verificar o nível de eficiência dos aparelhos. O NERC ocupa-se da regulação do lado da oferta e da promoção da utilização de aparelhos eficientes pelo consumidor. A CPC é responsável pela proteção dos interesses do consumidor, especialmente contra produtos de baixa qualidade, a SON é responsável pela aplicação das normas relativas aos aparelhos eléctricos domésticos, a FME promove a eficiência energética para atenuar os efeitos das alterações climáticas, a FMP trata da eficiência energética, mas não está atualmente envolvida nos aparelhos domésticos, e a NBRRI está a trabalhar nos códigos de construção (construção ecológica). A NASREA não está a ser levada a cabo na governação da EE dos principais aparelhos eléctricos domésticos na Nigéria. Eles têm o mandato para lidar com os resíduos eléctricos.

O nível de cooperação e de confiança entre estas agências não é muito forte. A razão é que algumas agências estão a executar o mandato de outras agências, o que está a gerar conflitos entre elas. Um exemplo típico é o facto de o FMP e o FME estarem a trabalhar para produzir uma política de eficiência energética sem colaborar ou trabalhar com a ECN.

A ECN e a NCEEC estão a ter um forte impacto na mudança de comportamentos e na reforma da gestão da eficiência energética dos aparelhos electrodomésticos na Nigéria através da implementação do projeto CFL de 1 milhão, do programa EE do PNUD-GEF, de workshops, de auditorias energéticas e das normas recentemente desenvolvidas para a iluminação, que estão a ser implementadas pela SON. Atualmente, verifica-se uma transformação gradual do mercado da qualidade das lâmpadas de iluminação eficientes na Nigéria.

Não existe qualquer outra parte interessada envolvida na governação dos electrodomésticos na Nigéria para além das agências governamentais. O inquirido não tem a certeza se algum interveniente está a ser excluído da implementação da política.

A motivação da ECN para abordar a EE dos aparelhos eléctricos domésticos deriva do seu mandato, do potencial da EE para melhorar a economia e a segurança energética, reduzindo a procura de energia e aumentando a oferta, e para mitigar os efeitos do clima, incentivando assim o desenvolvimento sustentável.

As interações com outras partes interessadas são normalmente organizadas através de workshops, reuniões de comités de peritos e programas conjuntos. A ECN é a principal iniciadora das interações, mas por vezes estas são iniciadas por organizações internacionais. Outras agências, como o NERC, também iniciam a interação. O programa de eficiência energética do PNUD-GEF reuniu vários actores para promover a EE dos aparelhos eléctricos domésticos na Nigéria.

A política atual, enquanto documento, não abordou nenhuma das várias perspectivas problemáticas das partes interessadas (por exemplo, nenhuma política para abordar a questão do custo inicial dos aparelhos eficientes). No entanto, o projeto de revisão da política está a abordar alguns problemas, como a questão dos incentivos. Estão atualmente a ser desenvolvidas normas e rótulos para resolver a questão da qualidade. Os vários objectivos de cada agência de implementação estão alinhados, mas há uma duplicação de programas e políticas por parte das agências, pelo que não existe um programa nacional completo para abordar a EE dos aparelhos domésticos.

O projeto de política proposto em análise difere do status quo e da manutenção do status quo porque são definidos objectivos concretos com um calendário; são também sugeridos diferentes instrumentos, como a combinação de instrumentos obrigatórios e voluntários. O instrumento mais utilizado na estratégia política são os instrumentos de informação. Para o efeito, recorre-se à educação e à sensibilização. No entanto, o projeto de política proposto incluiu instrumentos económicos, como incentivos e subsídios, instrumentos obrigatórios, como as MPE, normas e rótulos, e instrumentos voluntários. A informação disponível para as agências de execução e para o grupo-alvo não é adequada. É necessária mais formação e reforço das capacidades para as agências de execução, ao mesmo tempo que é necessário aumentar a sensibilização do grupo-alvo.

O desvio comportamental implícito do grupo-alvo em relação às práticas actuais é a adoção de aparelhos eléctricos domésticos eficientes por parte dos agregados familiares e dos retalhistas para vender produtos de qualidade. Para atingir estes objectivos, são necessários instrumentos obrigatórios e voluntários combinados com instrumentos económicos, como incentivos ou subsídios, e deve ser concedido um período de monitorização antes da utilização dos instrumentos obrigatórios.

Alguns dos desafios enfrentados na implementação de políticas de eficiência energética para os principais aparelhos eléctricos domésticos na Nigéria são: A fonte de financiamento não é devidamente abordada, a ausência de um programa nacional para abordar a EE dos aparelhos eléctricos domésticos, a fraca coordenação entre as agências de implementação, a falta de tecnologia de EE indígena, a ausência de normas e rótulos para orientar a importação de aparelhos energeticamente eficientes (exceto a norma das LFC que entra em vigor este ano, 2014) e problemas de mercado como a qualidade dos aparelhos disponíveis para os consumidores.

As recomendações que se seguem podem ajudar na formulação e implementação de políticas para lidar com a eficiência energética dos principais aparelhos eléctricos domésticos na Nigéria: é necessária uma forte vontade política para capacitar as principais agências de implementação, melhorar o nível de cooperação entre as agências de implementação, incentivar a participação ativa do sector privado, acelerar o desenvolvimento de normas e rótulos para aparelhos eléctricos energeticamente eficientes, criar um fundo de eficiência energética e a Nigéria pode adotar o que a Comissão da CEDEAO para as Energias Renováveis e Eficiência Energética

está a fazer.
PERITO 5
As principais políticas que visam a eficiência energética dos principais aparelhos eléctricos domésticos na Nigéria desde o ano de 2008 até à data estão consagradas na NEP 2003, que são (i) A conservação de energia deve ser promovida a todos os níveis da exploração dos recursos energéticos da nação (ii) A nação deve promover o desenvolvimento e a adoção de métodos de eficiência energética na utilização de energia. No entanto, a NEP 2003 está atualmente a ser revista. A implementação da política inclui o projeto CFL da CEDEAO-Governo cubano - 1 milhão de ecus, o programa de eficiência energética do PNUD-GEF e o Comité Interministerial para a Eficiência Energética e as Energias Renováveis, que trabalha para integrar as energias renováveis e a eficiência energética nas estratégias de planeamento nacional.

As agências governamentais envolvidas e que lidam com a eficiência energética dos electrodomésticos são a NERC, a ECN, o Ministério da Energia, o Instituto Nigeriano de Investigação sobre Construção e Estradas (NBRRI), a SON, a Alfândega Nigeriana e o Ministério Federal do Ambiente. A ECN e o Ministério da Energia formulam políticas e planeamento estratégico para os electrodomésticos, a NERC desenvolve um quadro regulamentar para garantir a eficiência tanto do lado da oferta como da procura, o FME incentiva a utilização de electrodomésticos eficientes para ajudar a atenuar o efeito das alterações climáticas, o SON aplica normas para os electrodomésticos, as alfândegas nigerianas controlam a entrada de electrodomésticos ineficientes no país a partir das fronteiras e o NBRRI concebe códigos de construção. A Agência Nacional de Normas Ambientais, Regulamentação e Execução (NESREA) não está envolvida na governação da eficiência energética dos aparelhos eléctricos domésticos. A agência tem a responsabilidade de desencorajar o desperdício de eletricidade e pode exigir que os aparelhos ineficientes não sejam autorizados a entrar no país. Existe uma relação de trabalho cordial entre todas as agências governamentais envolvidas e que lidam com a eficiência energética dos principais aparelhos eléctricos domésticos e, se não houver confiança, não haverá cooperação mútua entre as agências. O NBRRI não está a ser levado a cabo na governação dos principais aparelhos electrodomésticos na Nigéria.

A ECN e o NERC tiveram um forte impacto na mudança de comportamentos no que respeita à governação da eficiência energética dos principais aparelhos electrodomésticos na Nigéria. A ECN implementou políticas de promoção da eficiência energética dos principais electrodomésticos através de workshops, conferências, seminários, etc. e o NERC criou um forte impacto através da assembleia de consumidores, do aumento das tarifas e de campanhas nos meios de comunicação social.

As partes interessadas na governação da eficiência energética dos principais aparelhos electrodomésticos na Nigéria são as agências governamentais acima mencionadas. A motivação do NERC para implementar a eficiência energética dos principais aparelhos electrodomésticos deriva do seu mandato (criar uma indústria de eletricidade eficiente) e otimizar o dinheiro pago pelo consumidor em resultado da eficiência do lado da oferta. As interações com outras partes interessadas são organizadas através de workshops, comités de peritos e assembleias de consumidores de energia, sendo normalmente iniciadas pelo NERC.

O projeto CFL da CEDEAO-Governo de Cuba - 1 milhão de ecus - e o projeto PNUD-GEF criaram uma forte coligação de actores na governação da EE dos aparelhos electrodomésticos na Nigéria, o que também provocou uma mudança de comportamento e um trabalho no sentido da reforma da gestão na governação da EE dos principais aparelhos electrodomésticos na Nigéria.

Geralmente, os clientes olham para o custo imediato do investimento em electrodomésticos eficientes, mas a sensibilização para os benefícios da adoção de electrodomésticos energeticamente eficientes está a resolver esta questão, os Índices de Desempenho Chave (KPI) estão a ser utilizados para monitorizar a eficiência do lado da oferta, porque as perdas no sistema estão a ser transferidas para os consumidores, que suportam os custos, e a falta de uma forte monitorização das normas dos aparelhos a nível do mercado está a desencorajar os consumidores de comprarem aparelhos eficientes.

Os objectivos das várias agências estão alinhados, o que é feito através da consulta das partes interessadas. As perdas técnicas no sistema foram reduzidas de 14% para 8%, os contadores pré-pagos estão a controlar o roubo de energia e o relatório mensal KPI está a verificar a eficiência do lado da oferta.

Os principais instrumentos políticos utilizados pelo NERC para melhorar os aparelhos eléctricos domésticos são as tarifas e as normas KPI. As agências de implementação estão bem informadas sobre os instrumentos, especialmente no que respeita à implementação dos KPI. Os consumidores são normalmente informados através de assembleias de consumidores, que captam uma percentagem muito pequena dos consumidores; por conseguinte, é ainda necessária uma grande sensibilização por parte dos consumidores.

A mudança comportamental implícita é a redução do consumo de electrodomésticos e a adoção de práticas eficientes por parte dos consumidores. Para os produtores de eletricidade, é necessário um instrumento obrigatório para que cumpram os KPI, e qualquer desvio implica normalmente sanções. Devem ser utilizados instrumentos voluntários para promover a adoção de aparelhos domésticos pelos consumidores. Deve ser concedido um período de monitorização antes da utilização de instrumentos obrigatórios e devem ser criados incentivos à mudança, especialmente para que os fabricantes mudem para tecnologias eficientes.

Alguns dos desafios que se colocam à aplicação da política relativa aos electrodomésticos são a falta de sensibilização, a ineficácia do mercado, a falta de capacidade suficiente, a falta de recursos e questões sociais, como o comportamento dos utilizadores na escolha do tipo de aparelhos a adquirir. Para uma formulação e implementação eficazes da política relativa aos principais aparelhos electrodomésticos, (i) o Governo deve assumir a liderança, implementando as melhores práticas de EE nos escritórios (ii) profissionais como as associações de construtores, a associação de arquitectos profissionais, o COREN, a NSE devem fazer parte das partes interessadas na governação da EE dos principais aparelhos electrodomésticos na Nigéria e (iii) o Governo deve orçamentar e disponibilizar dinheiro para a implementação da política.

PERITO 6

As principais políticas que visam a eficiência energética dos principais aparelhos electrodomésticos na Nigéria são as elaboradas na NEP 2003, que é uma declaração geral e não visa especificamente os principais aparelhos electrodomésticos, pelo que se pode concluir que não existe uma política para os aparelhos electrodomésticos. Algumas das práticas e da implementação de políticas levadas a cabo e atualmente em curso são o projeto de 1 milhão de lâmpadas fluorescentes compactas e o programa de eficiência energética do PNUD-GEF.

As agências governamentais envolvidas e que lidam com a eficiência energética dos aparelhos eléctricos domésticos são a ECN e os seus centros de investigação e o NERC. A ECN é responsável pela formulação de políticas e pelo planeamento da EE dos electrodomésticos e os centros de investigação tratam da investigação e do desenvolvimento em matéria de EE, enquanto a NERC trata da eficiência do lado da oferta para reduzir as perdas técnicas e também da criação de consciência para promover os aparelhos energeticamente eficientes através de assembleias de consumidores. Não há nenhuma agência em falta, uma vez que todas as agências governamentais necessárias estão a ser acompanhadas. Há um bom nível de cooperação e colaboração entre as várias agências governamentais envolvidas.

O NERC teve um impacto na mudança de comportamento através do aumento da tarifa de eletricidade e da adoção de contadores pré-pagos, embora neste momento a penetração dos contadores pré-pagos seja apenas de cerca de 30%. Também a ECN e o PNUD-GEF criaram um grande impacto através da implementação de um programa de iluminação eficiente e do programa de eficiência energética em curso do PNUD-GEF.

As partes interessadas envolvidas na governação da eficiência energética dos principais aparelhos electrodomésticos na Nigéria são as agências governamentais que lidam com a EE na Nigéria. A motivação da NERC para abordar a eficiência energética dos principais aparelhos electrodomésticos é ajudar os consumidores de eletricidade a gastar menos na fatura da eletricidade, reduzir o impacto da procura de eletricidade na rede eléctrica e criar um mercado de eletricidade eficiente.

A interação com outras partes interessadas é normalmente organizada através de workshops, reuniões comunitárias, assembleias de consumidores e queixas dos consumidores, que são normalmente iniciadas pelo NERC. O programa de eficiência energética do PNUD-GEF está a criar uma forte coligação que contribuirá para a eficiência energética dos principais aparelhos eléctricos domésticos na Nigéria. A política energética do NERC aborda problemas como as tarifas, a ineficiência do mercado e as perdas técnicas.

Os vários objectivos de todas as agências governamentais envolvidas na implementação da política de eficiência energética dos principais aparelhos electrodomésticos estão alinhados (cerca de 90%). A ambição política difere do status quo, uma vez que a política de privatização das empresas produtoras e distribuidoras de eletricidade difere da que era praticada quando o governo era responsável. As empresas de distribuição foram incumbidas de reduzir as suas perdas técnicas e de aumentar a penetração dos contadores pré-pagos.

O instrumento utilizado pelo NERC inclui regulamentos, códigos, reuniões, actividades de fóruns e ordens (instruções dadas pelo regulador às empresas de eletricidade). As agências de implementação estão bem informadas, mas o grupo-alvo tem informação limitada. O desvio comportamental implícito do grupo-alvo é a adoção de aparelhos eficientes e de boas práticas. Os instrumentos devem ser voluntários para evitar processos judiciais. Deveria ser colocada uma barreira ao consumo por agregado familiar, definida por determinadas caraterísticas, para que aqueles que consomem mais sejam obrigados a pagar mais.

Os desafios enfrentados na implementação de políticas de eficiência energética para os principais aparelhos eléctricos domésticos na Nigéria são o elevado custo dos aparelhos eficientes, a falta de informação adequada sobre as vantagens da utilização de aparelhos eficientes do ponto de vista energético, a indisponibilidade de aparelhos eficientes do ponto de vista energético de qualidade no mercado, a falta de fundos por parte dos responsáveis pela implementação e questões sociais como o comportamento de certos consumidores que continuam a utilizar aparelhos ineficientes. Para uma formulação eficaz de políticas em matéria de eficiência energética dos principais aparelhos electrodomésticos na Nigéria, recomenda-se o seguinte: criação de uma consciência sobre a importância da utilização de aparelhos energeticamente eficientes, o SON deve garantir que só são trazidos para o país aparelhos energeticamente eficientes, as empresas de distribuição de eletricidade devem ser envolvidas na criação de consciência, para que possam ser utilizadas para chegar aos seus clientes, e o governo deve fazer da eficiência energética uma questão central para garantir que todas as famílias utilizem aparelhos energeticamente eficientes.

PERITO 7

A principal política que visa a eficiência energética dos principais aparelhos eléctricos domésticos na Nigéria desde o ano de 2008 até à data é a que consta da NEP 2003, que não é especificamente dirigida aos aparelhos eléctricos domésticos. Posso concluir que não existe uma política no terreno para lidar com os aparelhos eléctricos domésticos, mas a NEP 2003 está atualmente a ser revista e foi dedicada uma secção aos aparelhos eléctricos domésticos. Algumas das políticas e práticas implementadas incluem a sensibilização e o ensino da eficiência energética nas escolas secundárias, o projeto de um milhão de lâmpadas fluorescentes compactas e o programa de eficiência energética do PNUD-GEF.

As agências governamentais envolvidas e que lidam com a EE dos principais aparelhos electrodomésticos são a NCEEC, responsável pela investigação, recolha de dados e testes de eficiência em todas as suas ramificações (incluindo os aparelhos electrodomésticos); a ECN, responsável pela formulação de políticas e planeamento estratégico, e também pela promoção de aparelhos electrodomésticos eficientes através de projectos de demonstração e criação de consciência; a SON, responsável pela definição e aplicação de especificações padrão para os aparelhos electrodomésticos e a NERC, que fornece regulamentos para as tarifas eléctricas e também protege os consumidores de faturação excessiva. Estas são as agências relevantes necessárias para a governação da política de EE dos principais aparelhos domésticos na Nigéria; por conseguinte, não há nenhuma agência em falta.

Existe algum nível de cooperação entre as agências que lidam com a EE dos principais aparelhos domésticos na Nigéria, mas não é muito forte. A NCEEC não tem estado totalmente envolvida na cooperação com outras agências, mas isto irá mudar num futuro próximo porque a NCEEC irá assinar muito em breve um memorando de entendimento com a SON para trabalharem em conjunto no desenvolvimento e teste de normas para electrodomésticos.

As partes interessadas envolvidas na governação da EE dos principais aparelhos eléctricos domésticos na Nigéria são as agências governamentais que lidam com a EE na Nigéria. O programa de EE do PNUD-GEF está a trabalhar particularmente para reunir todas as partes interessadas. O NCEEC está a ter impacto na área de Lagos ao sensibilizar os jovens, as instituições de ensino e as indústrias para adoptarem as melhores práticas de EE. Também o projeto 1 milhão de LFCs e o programa de EE do PNUD-GEF criaram um forte impacto - A penetração de LFCs em residências na Nigéria aumentou e o programa de EE do PNUD-GEF está trabalhando para reunir todas as partes interessadas relevantes para tratar da EE dos principais aparelhos elétricos domésticos na Nigéria. A maioria das partes interessadas que não fazem parte do governo têm sido negligenciadas na implementação da política porque a prática atual atesta o facto de que o governo é o único responsável pela política por enquanto.

As motivações do NCEEC ao abordar a EE dos principais aparelhos eléctricos domésticos são a redução da procura de energia eléctrica (porque os agregados familiares constituem 40% da procura de energia eléctrica na Nigéria), o aumento do acesso à energia eléctrica e a melhoria da qualidade de vida dos nigerianos. Por enquanto, o NCEEC não tem estado a interagir com outras partes interessadas e muito menos a organizar-se. Existem agora algumas bolsas de coligação que estão a ser criadas pelo programa de EE do PNUD-GEF para melhorar a governação da EE dos aparelhos eléctricos domésticos.

A política e as práticas actuais não estão a abordar todas as perspectivas do problema porque o problema do mercado não está a ser abordado. No entanto, os objectivos de todas as agências de execução estão a ser alinhados. Além disso, a ambição política difere do status quo, mas o status quo económico dos nigerianos é um grande obstáculo à ambição política.

O único instrumento da política atual é o instrumento de informação, que tem sido utilizado na sensibilização, mas esta situação irá mudar à medida que forem sendo propostos instrumentos económicos, voluntários e obrigatórios. Em grande medida, as agências de execução estão a ser informadas através de workshops e conferências, mas ainda é necessária muita informação para o grupo-alvo. O desvio comportamental implícito do grupo-alvo em relação às práticas actuais é a adoção de aparelhos eficientes e das melhores práticas de EE. Para impor a adoção de aparelhos eléctricos energeticamente eficientes pelos agregados familiares na Nigéria, deve ser utilizado um instrumento muito forte; caso contrário, o nível de cumprimento será baixo.

Alguns dos desafios que se colocam à implementação da política de EE dos principais aparelhos electrodomésticos na Nigéria são a capacidade de as famílias pagarem por aparelhos energeticamente eficientes, os problemas de mercado devido a produtos ineficientes e de qualidade inferior no mercado e a falta de financiamento para as agências de implementação encorajarem a adoção de aparelhos energeticamente eficientes na Nigéria. Para uma formulação e implementação eficazes das políticas de EE dos principais aparelhos electrodomésticos, devem ser dados incentivos económicos que informem sobre os subsídios, uma vez que o poder de compra dos nigerianos é muito baixo e, em segundo lugar, deve ser fornecido um contador pré-pago a todos os agregados familiares na Nigéria.

PERITO 8

Não existe uma política específica que vise a EE dos principais aparelhos eléctricos domésticos na Nigéria, mas existe uma declaração geral que apoia a importação de tecnologias de EE na NEP 2003. No entanto, a NEP 2003 está atualmente a ser revista e está a ser proposta uma política específica para os aparelhos eléctricos domésticos. Algumas das políticas e práticas implementadas incluem a sensibilização, o projeto CFL de 1 milhão e o programa de EE do PNUD-GEF.

As agências governamentais envolvidas e que lidam com a EE dos principais aparelhos eléctricos domésticos na Nigéria são a NCEEC, a ECN, a SON e a CPC. O NCEEC está a lidar com a sensibilização das comunidades na área de Lagos e em bairros residenciais, com a investigação sobre questões de eficiência energética e com estudos de base para aparelhos energeticamente eficientes. O NCEEC também está a trabalhar com parceiros de desenvolvimento na implementação de políticas e práticas de EE para aparelhos eléctricos domésticos na Nigéria. A ECN é responsável pela formulação de políticas e pelo planeamento estratégico para a EE dos electrodomésticos na Nigéria, a SON aplica normas para os electrodomésticos, a NERC não tem um mandato direto para a EE dos electrodomésticos, mas fornece regulamentação e tarifas para a utilização da eletricidade, enquanto o dever da CPC é proteger os consumidores contra produtos de baixa qualidade no mercado. O Instituto Nigeriano de Investigação de Construção e Estradas não está a ser levado a cabo no tratamento da EE dos principais aparelhos eléctricos domésticos na Nigéria. Atualmente, as agências governamentais estão a trabalhar em conjunto, mas há necessidade de mais sinergia.

A ECN teve um forte impacto na mudança de comportamentos e na reforma da gestão da EE dos aparelhos eléctricos domésticos na Nigéria através da implementação do projeto de 1 milhão de CFL e da colaboração com o programa de eficiência energética do PNUD-GEF. Todas as partes interessadas estão a ser envolvidas na implementação da política de EE, especialmente dos aparelhos eléctricos domésticos na Nigéria.

As motivações do NCEEC para abordar a EE dos aparelhos eléctricos domésticos são o mandato que criou o NCEEC, a redução do consumo de energia, a melhoria da qualidade de vida dos nigerianos e a redução da pobreza energética. A interação com outras partes interessadas é organizada através de reuniões de comités de peritos, conferências e workshops, tendo sido iniciada pelo programa de EE do PNUD-GEF e pela GIZ.

O programa de EE do PNUD-GEF formou, até certo ponto, uma coalizão de atores para a mudança de comportamento e governança da EE de eletrodomésticos, reunindo todas as partes interessadas para abordar a questão da EE de eletrodomésticos.

Os vários problemas estão a ser tratados um após o outro, como a questão dos contadores pré-pagos e a qualidade dos aparelhos eficientes no mercado. Além disso, todas as agências de implementação estão a trabalhar para alcançar a EE dos aparelhos eléctricos domésticos. No entanto, a ambição política difere do status quo porque uma abordagem de baixo para cima está sendo usada atualmente para tratar da EE de eletrodomésticos.

A política atual não aborda a utilização de qualquer instrumento, mas estão a ser propostos instrumentos como as MEPS, as normas e os rótulos. A informação disponível para as agências de execução é adequada, mas é necessária uma maior sensibilização e educação para informar o grupo-alvo.

O desvio comportamental implícito é que os agregados familiares adoptem aparelhos eficientes e as melhores práticas. Os instrumentos voluntários são necessários a curto prazo, mas são necessários instrumentos obrigatórios para eliminar os aparelhos ineficientes na Nigéria.

Os desafios que se colocam à implementação da política de EE para os principais aparelhos electrodomésticos na Nigéria são a proliferação de aparelhos de qualidade inferior no mercado, a falta de contadores pré-pagos que conduzem a uma faturação estimada, a falta de informação, o custo dos aparelhos de EE é elevado em comparação com a capacidade de ganho dos nigerianos e a falta de confiança das pessoas na formulação e implementação de políticas pelo governo. Para uma formulação e implementação eficazes da política de EE dos principais aparelhos electrodomésticos na Nigéria, recomenda-se o seguinte: devem ser disponibilizados no mercado aparelhos de qualidade e eficientes, a penetração de contadores pré-pagos em todos os lares, a sensibilização para a questão, o reforço do nível de colaboração e sinergia entre as agências governamentais e a NEP deve ser transformada numa lei do parlamento para que seja aplicável.

PERITO 9

As políticas que visam a eficiência energética na Nigéria são as indicadas na NEP 2003, pelo que praticamente não existem políticas especificamente dirigidas aos principais aparelhos eléctricos domésticos. Tais esforços políticos estão ainda em fase de elaboração, não tendo sido transformados em lei. No entanto, as práticas que visam os aparelhos eléctricos domésticos fazem parte dos esforços do programa geral de sensibilização da ECN e da implementação do projeto de 1 milhão de lâmpadas fluorescentes compactas e do programa de eficiência energética do PNUD-GEF.

As agências governamentais que lidam com a EE de electrodomésticos na Nigéria são principalmente a ECN e os seus centros de investigação. A ECN, que é responsável pela formulação de políticas e planeamento estratégico para o sector da energia em todas as suas ramificações, tem estado envolvida na EE dos electrodomésticos através da sensibilização em forma de seminários, workshops e distribuição de folhetos e cartazes. Outro envolvimento da ECN inclui o projeto de 1 milhão de CFL e o programa de EE em curso do PNUD-GEF. Outras agências governamentais como a SON, a Alfândega da Nigéria, a NERC, a CPC e a NOA foram recentemente reunidas devido aos esforços do programa EE do PNUD-GEF para reunir todas as partes interessadas para tratar da EE dos electrodomésticos na Nigéria. A SON é responsável pela definição e aplicação de normas, a NOA é responsável pela sensibilização, especialmente nas áreas de base, e a Alfândega da Nigéria tem como função verificar e impedir a entrada de aparelhos de qualidade inferior através das fronteiras do país. Não há nenhuma agência em falta, uma vez que o programa EE do PNUD-GEF reuniu todas as agências governamentais relevantes.

Existe um nível de cooperação entre as agências, mas a ausência de diretivas políticas e de um enquadramento adequado por parte do governo levou a que o Ministério Federal da Energia trabalhasse na política de EE sem colaborar com a ECN. A ECN, através da implementação do projeto de 1 milhão de CFL e da colaboração com o programa de EE do PNUD-GEF, criou algum impacto, mas este não é mensurável e comparável, uma vez que não existe uma base de dados para medir o progresso em relação aos objectivos estabelecidos.

As agências governamentais que lidam com a EE na Nigéria são as partes interessadas na governação da EE dos aparelhos domésticos na Nigéria. Não se pode afirmar conclusivamente que qualquer parte interessada está excluída da implementação da política porque, na verdade, não existe uma política funcional que seja justificável.

As motivações do Centro Nacional de Investigação e Desenvolvimento Energético (NCERD) para abordar a EE dos principais aparelhos domésticos são a poupança de custos e de energia, a mitigação das alterações climáticas e a segurança energética. As interações com outros atores são organizadas através de seminários e workshops e são originadas principalmente pela ECN. Uma coligação de actores pode ser citada como os esforços do programa PNUD-GEF domiciliado na ECN e a colaboração ECN-COWAS e governo CUBANO no fornecimento de LFCs para a substituição de lâmpadas incandescentes.

Não existe uma política, mas as práticas actuais abordam questões como a qualidade das lâmpadas fluorescentes compactas no mercado, as normas e os rótulos, a penetração dos contadores pré-pagos e a questão dos incentivos para fazer face ao custo dos aparelhos energeticamente eficientes. Os vários objectivos de todas as agências de execução visam a adoção de aparelhos eficientes pelos agregados familiares. As ambições políticas diferem do status quo porque atualmente, a NEP 2003 está a ser revista e o programa de EE do PNUD-GEF está a usar uma abordagem de baixo para cima na formulação de políticas para os principais aparelhos eléctricos domésticos na Nigéria.

Não há nenhum instrumento especificado na política atual, mas instrumentos de informação como a criação de consciência e programas educacionais através de oficinas e seminários têm sido usados principalmente na promoção de EE. As agências de implementação têm algum nível de informação através de formação, workshops e vários esforços de capacitação, especialmente pelo programa de EE do PNUD-GEF, mas há uma grande falta de informação por parte do grupo-alvo. O desvio comportamental implícito é a adoção de aparelhos de EE e melhores práticas pelos agregados familiares. A Nigéria precisa de um instrumento muito forte, como o estabelecimento de MEPS e a proibição total de aparelhos eléctricos domésticos ineficientes, mas deve ser concedido um período de monitorização antes da implementação total.

Alguns dos desafios enfrentados nas práticas actuais são a falta de fundos para a implementação da política, a falta de informação, a falta de contadores pré-pagos, a baixa qualidade das LFC encontradas no mercado e o elevado custo dos aparelhos de EE. Para uma formulação política eficaz na abordagem da EE dos principais aparelhos eléctricos domésticos na Nigéria, o ciclo de conceção de políticas pode ser útil - Definir os objectivos, definir a estratégia global para atingir o objetivo, conceber medidas políticas concretas para realizar esta estratégia, aplicação e monitorização das medidas políticas e cumprimento e avaliação. Implica a elaboração e a aplicação da legislação de um documento político com objectivos realistas, realizáveis, previsíveis e mensuráveis. Esse documento deve não só ser coerente, mas também ter objectivos a longo prazo, ser acessível e transparente e estar acima de interesses limitados.

PERITO 10

Não existe uma política específica que vise a eficiência energética dos principais electrodomésticos na Nigéria desde o ano de 2008 até à data, uma vez que a declaração política na NEP 2003 é uma declaração geral. As práticas e a implementação da política são o projeto CFL de 1 milhão, o programa EE do PNUD-GEF e vários workshops e actividades promocionais da ECN.

As agências governamentais que lidam com a EE dos principais aparelhos domésticos na Nigéria são a ECN, NCEEC, SON, NERC, FMP, FME e CPC. A ECN lida com a formulação de políticas e planeamento estratégico através da criação de consciência, colaborando com várias agências governamentais e organizações internacionais. Isto conduziu à criação do NCEEC, ao projeto CFL de 1 milhão e ao programa EE do PNUD-GEF. O NCEEC está envolvido na investigação, desenvolvimento em EE, formação, recomendação de políticas, advocacia e capacitação, a SON tem como função fazer cumprir as normas e retirar do mercado os aparelhos que não cumprem as normas, a NERC regula as indústrias de eletricidade e está envolvida na advocacia para EE, desenvolvimento de tarifas e penetração de contadores pré-pagos para garantir que os consumidores são devidamente facturados, a FMP está envolvida em EE, mas não especificamente em aparelhos domésticos, a FME está a procurar EE para mitigar as alterações climáticas e a CPC protege os consumidores contra a qualidade dos produtos. A NAESREA não está envolvida em EE de electrodomésticos e tem o mandato para lidar com resíduos electrónicos que podem resultar numa implementação concreta da política nacional de EE.

O nível de cooperação entre as várias agências governamentais é cordial. Isto é atestado através de reuniões de comités de peritos, workshops e brainstorming sobre questões de EE para encontrar uma solução comum. A ECN teve algum impacto na mudança de comportamento e no aumento da utilização de lâmpadas eficientes através da implementação do projeto de 1 milhão de lâmpadas fluorescentes compactas. O projeto também aumenta a percentagem de sensibilização dos consumidores para a eficiência energética.

As partes interessadas na governação da EE dos aparelhos eléctricos domésticos são as agências governamentais que lidam com a EE na Nigéria. Na minha opinião, todas as partes interessadas estão envolvidas na governação da EE dos aparelhos eléctricos domésticos na Nigéria.

As motivações do Centro Nacional de Investigação e Desenvolvimento Energético (NCERD) para abordar a EE dos electrodomésticos são o mandato de criação do centro, a redução do consumo de energia, melhorando assim a economia e tornando a sociedade melhor. A interação com outras partes interessadas é organizada através de workshops e reuniões de comités de peritos, iniciadas principalmente pela ECN ou, por vezes, pelo NCERD. Os esforços de colaboração da ECN com o programa de EE do PNUD-GEF levaram todos os principais intervenientes a trabalhar em conjunto na questão da EE dos aparelhos eléctricos domésticos.

A separação da Power Holding Company of Nigeria (PHCN) é uma das melhores medidas tomadas para combater o desperdício de energia. As empresas de distribuição de eletricidade foram instadas a aumentar a penetração dos contadores pré-pagos. O NERC está também a trabalhar numa tarifa aceitável para os clientes e produtores de eletricidade. O PNUD-GEF, em colaboração com a ECN e a SON, está a trabalhar na criação de MEPS, normas e rótulos para aparelhos, a fim de melhorar a qualidade dos aparelhos no mercado.

Os objectivos das várias agências de implementação estão alinhados, mas o nível de sinergia é baixo, o que levou à duplicação de funções. A ambição política difere do status quo porque o programa de EE do PNUD-GEF está a usar uma abordagem de baixo para cima ao abordar a EE dos aparelhos eléctricos domésticos na Nigéria.

Não existe uma política ou um instrumento político específico, mas a informação e a sensibilização têm sido o principal instrumento em ação. Estão a ser propostos outros instrumentos, tais como instrumentos económicos, obrigatórios e voluntários. As agências implementadoras têm algum nível de conhecimento como resultado dos programas de treinamento e capacitação do programa de EE do PNUD-GEF, mas há muita falta de informação por parte do grupo alvo. O desvio comportamental implícito é que as famílias devem adotar aparelhos eléctricos domésticos eficientes. São necessários instrumentos económicos para encorajar a adoção de aparelhos eléctricos domésticos eficientes na Nigéria.

Alguns dos desafios que se colocam à implementação da política de EE para os principais electrodomésticos na Nigéria são a falta de financiamento, a falta de informação, a falta de políticas, a falta de contadores pré-pagos, a falta de normas e rótulos, problemas de mercado e o baixo nível de rendimento das famílias (o poder de compra é baixo). Para uma formulação e implementação eficazes da política de EE dos aparelhos eléctricos domésticos na Nigéria, deve haver um programa nacional de eficiência energética dirigido aos aparelhos eléctricos domésticos que deve ser devidamente financiado pelo governo. É necessário criar sensibilização, aumentar o nível de sinergia entre as agências de execução, acelerar o desenvolvimento de normas e rótulos e reforçar os serviços aduaneiros da Nigéria para impedir a entrada de aparelhos ineficientes no país.

Printed by Books on Demand GmbH, Norderstedt / Germany